# *Friedrich Hunds langer Weg nach Göttingen*

GNT

JENAER BEITRÄGE ZUR GESCHICHTE DER PHYSIK 3

HERAUSGEGEBEN VON WOLFGANG ZIEGLER, PAUL SEIDEL UND RALF HAHN

IN DIESER REIHE ERSCHIENEN

BERND HELMBOLD
KERNPHYSIK AN DER FRIEDRICH-SCHILLER-UNIVERSITÄT JENA VON 1946 BIS 1968
(2010)

HELMUTH ALBRECHT
LASERFORSCHUNG IN DEUTSCHLAND 1960–1970
EINE VERGLEICHENDE STUDIE ZUR FRÜHGESCHICHTE
VON LASERFORSCHUNG UND LASERTECHNIK
IN DER BUNDESREPUBLIK DEUTSCHLAND
UND DER DEUTSCHEN DEMOKRATISCHEN REPUBLIK
(2019)

FRIEDRICH HUNDS LANGER WEG NACH GÖTTINGEN
SEINE JENAER ZEIT IM SPIEGEL DER ZEITGESCHICHTE
HRSG. VON WOLFGANG ZIEGLER, PAUL SEIDEL UND RALF HAHN
(2026)

# FRIEDRICH LANGER NACH

## WANDERJAHRE UND GRENZGÄNGE EINES PHYSIKERS IN LEIPZIG UND JENA 1945 – 1951

BERLIN 2026

# HUNDS WEG GÖTTINGEN

HERAUSGEGEBEN VON
WOLFGANG ZIEGLER, PAUL SEIDEL
UND RALF HAHN

GNT PUBLISHING

Bibliographische Information
der Deutschen Nationalbibliothek
Die Deutsche Nationalbibliothek verzeichnet diese Publikation in der Deutschen Nationalbibliografie; detaillierte bibliographische Daten sind im Internet über ➤ <http://dnb.dnb.de> abrufbar.



Umschlagabbildungen
Cover: Friedrich Hund um 1930 in Leipzig; Backcover: 1966 in Göttingen (aus Abb. 2.15.); Schreiben des Ministerpräsidenten Werner Eggerath vom 30. April 1949 (Abb. 2.9.).

Lektorat, Layout und Satz
GNT Publishing GmbH, Lasiuszeile 2, 13585 Berlin, Germany
➤ <https://www.gnt-verlag.de>

Druck und buchbinderische Verarbeitung
Livonia Print, Riga, Lettland

1. Auflage 2026

ISBN 978-3-86225-146-9 (Hardcover)
ISBN 978-3-86225-577-1 (E-Book / PDF)
ISBN 978-3-86225-594-8 (E-Book / EPUB)
DOI ➤ <https://doi.org/10.47261/1577>

Sprache

In diesem Buch wird teilweise das generische Maskulinum verwendet. Keinesfalls sind damit Diskriminierungen beabsichtigt.

Weblinks

Alle in diesem Buch aufgeführten Weblinks wurden zuletzt am 28. Juli 2025 überprüft.

Bildnachweis

Andre Luiz Marques Muniz: Abb. 8.5.
Andrey Yershov: Abb. 8.7., 8.8.
Falk Ronneberger: Abb. 8.6., 8.11., 8.12.
Friedrich Hund, Nachlass bei Gerhard Hund: Abb. 2.3. – 2.7., 2.9., 2.10., 2.15., 2.17. – 2.39.
Friedrich-Schiller-Universität Jena: Abb. 4.1., Hintergrundbild zur Titelseite Kap. 8 (S. 205).
Gerhard Hund, Privatarchiv: Abb. 2.1., 2.2., 2.8., 2.11. – 2.14., 7.1.
GNT Publishing: Abb. 5.1.
Ian Howard: Abb. 5.3.
Institut für den Wissenschaftlichen Film, Göttingen: Abb. 2.16.
Ira Winkler: Abb. 8.9., 8.10.
Jan Bernet: Abb. 8.1., 8.2.
Michael Schaaf: Abb. 5.2.
Paul Seidel: Abb. 0.1., 0.2.
The Nobel Prize Organisation: Hintergrundbild zur Titelseite Kap. 7 (S. 189).
Universitätsarchiv Leipzig: Abb. 6.1., Coverbild.

Von einigen Bildern konnten die Rechteinhaber leider nicht ermittelt werden. Der Verlag bittet etwaige Rechteinhaber, sich bei ihm zu melden.

# INHALTS VER

ZE↓CHN↑S

# Vorwort der Herausgeber

*„Nicht nur der Zeitgeist wird sichtbar, sondern auch die Persönlichkeit.“*

— Die Herausgeber

Friedrich Hunds langer Weg nach Göttingen


›<https://doi.org/10.47261/1577-P>

Am „gelben Haus", heute Sitz des Instituts für Festkörperphysik der Friedrich-Schiller-Universität Jena, erinnert eine Tafel an Friedrich Hund, der von 1946 bis 1951 hier tätig war. Vielen ist sein Name durch die „Hundschen Regeln" in der Atomphysik bekannt, doch nur wenige wissen, dass diese bahnbrechenden Arbeiten nicht in Jena entstanden, sondern bereits zwischen 1925 und 1927. Noch weniger ist bekannt, womit er sich in seiner Jenaer Zeit überhaupt beschäftigt hat.

Wer sich näher mit seinem Wirken befasst, erkennt, dass Hunds Jenaer Professsur in die Zeit der Gründung der Bundesrepublik und der DDR fällt. Dass er in dieser Zeit sogar Rektor der Jenaer Universität war, die nach Kriegsende als erste Universität in der sowjetisch besetzten Zone schon am 15. Oktober 1945 wieder den Lehrbetrieb aufnahm, wissen jedoch die wenigsten. Umso überraschender wirkt rückblickend sein relativ kurzer Aufenthalt in Jena, der mit dem Umzug in den Westen Deutschlands endete – also nach damaligen Sprachgebrauch eine „Republikflucht" war. Und trotzdem gab es diese Tafel schon zu DDR-Zeiten?

**Abb. 0.1. – 0.2.** „Gelbes Haus" mit der Tafel, die an Friedrich Hunds Jahre in Jena erinnert.

Das wirft Fragen auf. Dieses Buch will einige davon beantworten und geht daher über Hunds Jenaer Jahre hinaus. In mehreren Interviews kommt er selbst zu Wort, worin nicht nur der Zeitgeist sichtbar wird, sondern auch die Persönlichkeit. Auch sein Sohn Gerhard Hund sowie sein damaliger Assistent Gerhard Weber ergänzen einiges aus persönlicher Sicht. Dazu Beiträge namhafter Autoren, die uns den exzellenten Wissenschaftler und engagierten Menschen näherbringen. Seine Rolle als Hochschullehrer hat er immer sehr ernst genommen und besonders wichtig war ihm die Förderung von Begabten unabhängig von Herkunft oder politischer Überzeugung.

Daher war es der Physikalisch-Astronomischen Fakultät ein Anliegen, den von der Heraeus-Stiftung vergebenen Preis für den wissenschaftlichen Nachwuchs nach ihm zu benennen und an junge engagierte Physikerinnen und Physiker zu vergeben. So bleibt Friedrich Hund nicht nur in der Wissenschaft präsent, sondern auch im Gedächtnis kommender Generationen.

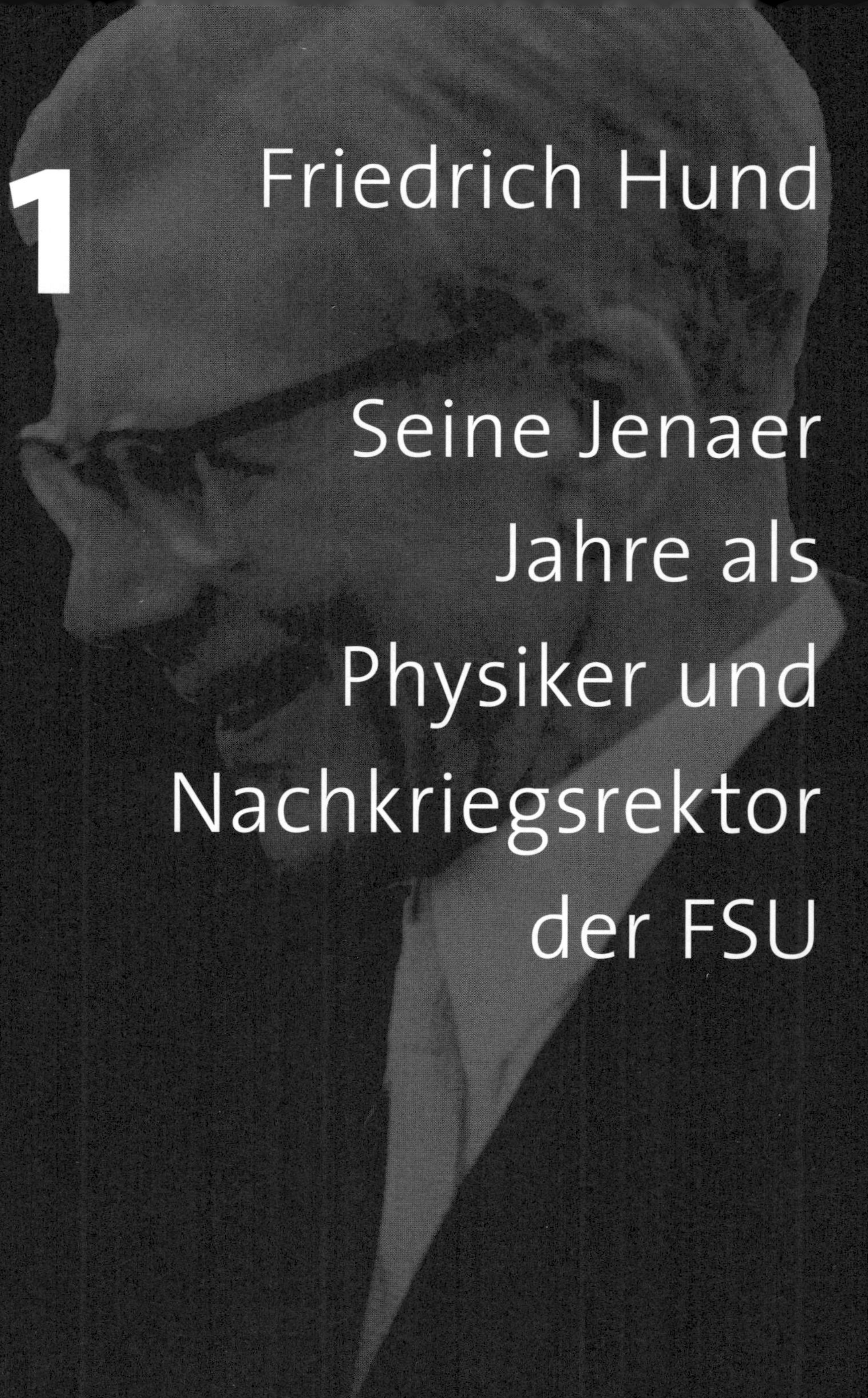

# 1

# Friedrich Hund

## Seine Jenaer Jahre als Physiker und Nachkriegsrektor der FSU

*„Lakonisch setzte er in den Personalfragebogen als Antwort auf die Frage, wer ihn empfehlen könne: ‚Meine wissenschaftlichen Leistungen.'"*

— Helmut G. Walther



Friedrich Hunds langer Weg nach Göttingen

›<https://doi.org/10.47261/1577-1>

## Von Helmut G. Walther

Die wenigsten Schüler werden sich im Chemieunterricht darüber im Klaren sein, dass ihre Verwendung der Tafel des Periodensystems für die Bestimmung des chemischen Verhaltens eines Elementes einer vom Physiker Friedrich Hund formulierten Regel folgt, der 1927 entwickelten „Zweiten Hundschen Regel", die den Gesamtspin der äußersten Elektronenschale zu bestimmen erlaubt. Hund stellte insgesamt vier solcher Regeln auf, zunächst durch Beobachtung der Befunde der Experimentalphysiker, später durch eigene mathematisch-physikalische Begründungen und Berechnungen der Quantenzahlen von Bahndrehimpuls und Spin der Elektronen in den vom Atommodell Niels Bohrs postulierten Schalen. Wenig später formulierte er seine auf der Basis der Quantenmechanik beruhende Theorie polyatomarer Moleküle, die bis heute eine der Grundlagen der Theorie der chemischen Bindung und der Quantenmechanik im Atommodell Werner Heisenbergs bildet.

Der Urheber dieser Regeln blieb bis in die 1990er Jahre als akademischer Lehrer der Institution Universität verbunden. Auch als er 1964 als Göttinger Ordinarius emeritiert wurde, hielt er gleichwohl weiterhin Vorlesungen. Es ist mündlich überliefert, dass er jeweils am Semesterende mit einem Blumenstrauß von der Fakultät für seine „letzte Vorlesung" bedankt wurde, er sie im folgenden Semester aber fortsetzte.

Zeitgeschichtliche Universitätsgeschichtsforschung am Beispiel Friedrich Hunds ist schon eine eigene Sache. Dies lässt sich anekdotisch aus eigener Erfahrung erläutern: Als mich im Frühjahr 1995 die Bitte der Göttinger Akademie der Wissenschaften erreichte, Friedrich Hunds Jahre als Jenaer Professor und Rektor für einen Band zur Feier seines einhundertsten Geburtstags darzustellen, wandte ich mich auf der Suche nach Quellenmaterial natürlich an unser Jenaer Universitätsarchiv. Die damalige Direktorin ging auch gern auf meine Wünsche ein und versorgte mich reichlich mit dem einschlägigen Jenaer Aktenmaterial. Sie wurde aber blass, als ich ihr in einem zweiten Gespräch bekannte, dass mein Beitrag Teil einer Festschrift für einen durchaus noch Lebenden sein würde; denn selbstverständlich durfte mir bei einem noch Lebenden nicht einfach Einblick in seine Personalakten gewährt werden. Ich musste mich also mit unserer Universitätsarchivarin dahingehend verständigen, dass in meinem Beitrag nicht die Personalakten Hunds zitiert würden[1].

Nachdem Friedrich Hund seit dem 31. März 1997 nicht mehr unter den Lebenden weilt, besteht zwar dieses Hindernis bei der Quellenlage nicht mehr. Freilich ist eine Darstellung seiner Jenaer Zeit damit nur äußerlich leichter geworden. Die universitären Archivalien sind jetzt zum größten Teil zugänglich; sein Briefwechsel und seine Tagebücher werden in der Handschriftenabteilung der Göttinger UB verwahrt und sind dort schon teilweise einsehbar. Zudem ist nun der amtliche Schriftverkehr der Sowjetischen Militäradministration für die ehemalige Sowjetische Besatzungszone und für das 1946 neubegründete Land Thüringen zugänglich. Im Rahmen jüngster Publikationen zur Jenaer Universitätsgeschichte, insbesondere zum Jubiläumsjahr 2008, sind sowohl Quellen wie Untersuchungen zu den Jahren nach 1945 (u. a. auch aus meiner Feder) erschienen[2]. Ich werde für den heutigen Beitrag also auf die Quellen meiner Darstellung von Hund als Jenaer Rektor zurückgreifen.

## Berufung nach Jena 1946

Nach langen Verhandlungen und Auseinandersetzungen kam im Herbst 1945 zwischen Sowjetischer Militäradministration Thüringen (SMATh), der inzwischen eingerichteten Deutschen Zentralverwaltung für Volksbildung (DZV) in der Sowjetischen Besatzungszone und dem Thüringischen Landespräsidium samt seines Weimarer Landesamts für Volksbildung ein Arrangement über die Wiedereröffnung der Jenaer Universität zustande. Unter dem zunächst nur amtierenden, dann am 9. Oktober 1945 auch offiziell zum Rektor gewählten Altphilologen Friedrich Zucker sollte am 15. Oktober die Universität mit einem Festakt eröffnet werden. Die FSU verfügte damals nur noch über insgesamt 37 ordentliche und außerordentliche Professoren. Zucker hatte denkschriftlich vor fatalen Folgen einer zu harter Siebung beim Personal gewarnt, da schon vor Kriegsende in Jena eine größere Anzahl von Vakanzen bestanden habe, die Mathematisch-Naturwissenschaftliche Fakultät inzwischen „durch die amerikanischen Wegführungen aufs äußerste geschwächt" sei und Neuberufungen von auswärts in der gegenwärtigen Situation überaus schwierig seien. Gemeint waren die Deportationen von Wissenschaftlern durch die Amerikaner bei ihrem Abzug als Besatzungsmacht aus Thüringen.

Die Personalsituation war bei den Naturwissenschaftlern seither besonders prekär. Dies stellte den seit Oktober 1945 amtierenden neuen Universitätskurator Max Bense im Berufungsgeschäft vor eine besonders schwierige Aufgabe. Bense unterbreitete dem damaligen Leipziger Professor für Theoretische Physik Friedrich Hund am 6. Februar 1946 brieflich ein Angebot, nach Jena auf eine gleichnominierte Professur zu kommen. Der Senat der FSU hatte zwar am 23. November 1945 beschlossen, sich aktiv für die Rückkehr aller von den Amerikanern deportierten Kollegen einzusetzen, darunter den mathematischen Physiker Gerhard Hettner mit seinem Assistenten Eichhorn, plante aber zugleich, mit der Berufung Hunds aus Leipzig diese gravierende Lücke in der Mathematisch-Naturwissenschaftlichen Fakultät zu füllen. Der renommierte theoretische Physiker Hund sollte und konnte einen bedeutsamen Akzent beim Neuaufbau der Physik in Jena setzen. Hund war 1929 als Ordinarius für mathematische Physik von Rostock nach Leipzig berufen worden und war dort 1944 auf das durch Werner Heisenbergs Weggang freigewordene Ordinariat für Theoretische Physik übergewechselt.

Angesichts der anfangs 1946 noch völlig ungeklärten Verhältnisse an der Leipziger Universität musste das Jenaer Angebot einen gewissen Reiz auf Hund ausgeübt haben. Er war seit 1933 ordentliches Mitglied der Sächsischen Akademie der Wissenschaften, seit 1943 auch der Leopoldina und in diesem Jahr auch Träger der Max-Planck-Medaille der Deutschen Physikalischen Gesellschaft geworden. Hund legte in seinen Verhandlungen mit Jena aber ausdrücklich Wert darauf, dass sein Kommen nicht den Lehrstuhl für mathematische Physik Hettners hinfällig machen, sondern diese Planstelle auch weiterhin für Hettner freigehalten werden solle. Dem Kurator fiel eine derartige Zusage wohl leicht, da mit einer Rückkehr Hettners in absehbarer Zeit nicht zu rechnen war, also die Planstelle samt Ausstattung im Universitätshaushalt durchaus disponibel war.

Die gesamte Naturwissenschaftlich-Mathematische Fakultät hatte erklärt, sie betrachte „Herrn Prof. Hund als einen Gewinn für die Universität, insbesondere für den Ausbau der physikalischen Forschung“: Über seine herausragende Bedeutung für den Bereich der Theoretischen Physik konnte kein Zweifel bestehen. Nicht nur seine zahlreichen Detailforschungen, sondern auch sein Beitrag zur „Allgemeinen Quantenmechanik des Atom- und Molekelbaues“ im *Handbuch der Physik* (Band 24/1, 1933) und eine 1944 begonnene, bis 1951 dann weiter auf fünf Bände angewachsene *Einführung in die Theoretische Physik*, zeigten ihn als scharfsinnigen Forscher wie souveränen Repräsentanten der modernen theoretischen Physik auf höchstem Niveau. Die internationale Fachwelt kannte ihn schon seit den Zwanzigerjahren aus seinen Arbeiten über die Symmetrie-Charaktere von Termen und die Molekelspektren und verband mit den Hundschen Regeln und den Hundschen Kopplungsfällen Standards der modernen Physik fest mit seinem Namen.

Hund selbst erwartete wohl, an der Jenaer Universität einen neuen Forschungs- und Wirkungskreis aufbauen zu können, so wie er zuvor mit Peter Debye und Werner Heisenberg in Leipzig über anderthalb Jahrzehnte hinweg bestanden hatte. Lakonisch setzte er in den für seine Berufung nach Jena auszufüllenden Personalfragebogen als Antwort auf die Frage, wer ihn empfehlen könne: „Meine wissenschaftlichen Leistungen“. Am 21. März 1946 hatte ihn die Fakultät *primo et unico loco* auf die Vorschlagsliste gesetzt, der am 27. März der Senat zustimmte und die am darauffolgenden Tag der Rektor dem zuständigen Thüringer Landesamt für Volksbildung zuleitete. Am 19. Juli 1946 wurde er zum Professor für Theoretische Physik ernannt; am 31. Oktober folgte die Ernennung zum Direktor des Theoretisch-Physikalischen Instituts als Nachfolger Gerhard Hettners. Auf eine geordnete Forschungstätigkeit konnte Hund in Jena angesichts der dortigen Situation 1946 fürs erste freilich kaum hoffen. Für die tägliche Universitätspraxis bedeutete dies, dass er noch 1948 mit Hilfe höchster Stellen erst durchsetzen musste, ihm für seine Tätigkeit als Physiker ein höheres Elektrizitätskontingent zuzugestehen. Vonseiten von Stadt und Universität Jena wurden er und seine Familie – soweit dies eben die Zeitumstände ermöglichten – mit offenen Armen aufgenommen.

Die Sowjetische Militäradministration hatte der Universität Jena für das Wintersemester 1946/47 1.500 Studienplätze bewilligt, wobei sich alle Bewerber eines eigenen Entnazifizierungsverfahrens zu unterziehen hatten. Wie in der Philosophischen Fakultät wurden fürs erste auch in der Naturwissenschaftlich-Mathematischen Fakultät nur Studenten für das Lehramt an Höheren Schulen zugelassen. Die Lehrtätigkeit Friedrich Hunds als theoretischer Physiker besaß also zunächst kaum direkte Beziehungen zu seinem spezifischen Forschungsfeld. Zu Beginn 1949 stellte er nach einem Ruf an die Technische Universität Berlin bei Bleibeverhandlungen mit dem Thüringer Volksbildungsministerium fest, dass er erst jetzt wieder zu einer normalen Vorlesung zur Quantentheorie gekommen sei. 1950 – nun schon seit einem Jahr Mitglied der Deutschen Akademie der Wissenschaften und Nationalpreisträger II. Klasse der DDR – machte er gegenüber dem zuständigen DDR-Ministerium in Berlin deutlich, wo seine Forschungsinteressen lagen, die er nicht zu opfern bereit sei:

> „Meine Arbeitsgebiete waren die Quantentheorie des Atoms, der Molekel und des festen Körpers. Neuerdings habe ich mich allgemeinen Fragen der Quantentheorie, insbesondere dem Wellenbild der Materie zugewandt."

Friedrich Hund konnte damals als einer der prominentesten Physiker der DDR gelten. Doch trotz der Anerkennung seiner Leistungen durch die Staatsführung hatte er schwere Beeinträchtigungen in seiner Stellung an der Universität Jena hinnehmen müssen. Er, der guten Gewissens im Personalfragebogen von 1946 versichern konnte, nie NS-Parteimitglied gewesen zu sein und nur korporationsrechtlich als Professor der Leipziger Universität dem NS-Dozentenbund angehört zu haben, machte aus seinem grundsätzlichen apolitischen Wissenschaftsverständnis nie ein Hehl. Damit stand er freilich quer zur offiziellen Universitätspolitik in der SBZ, wo schon 1945 sozialistische und kommunistische Reformer die Jenaer Universität bei ihrer Wiedereröffnung gern in eine Volksuniversität verwandelt hätten, zunächst aber damit an einem fehlenden Gesamtkonzept der SMAD gescheitert waren, so dass die Friedrich-Schiller-Universität unter Rektor Friedrich Zucker zumindest eine gewisse Teilautonomie bewahren konnte. Zuckers Vorstellungen, die auf eine Restitution und Bewahrung der Traditionen der bürgerlichen akademischen Traditionen ausgerichtet waren, konnten sich gegen die neuen Tendenzen nicht behaupten.

Der zunehmenden politischen Vereinnahmung der Universität für die gesellschaftliche Umgestaltung der SBZ, zumal unter den Auspizien der neuen Einheitspartei SED und der Einbeziehung der bürgerlichen Parteien als Blockparteien, konnten Professoren, deren Ideal eine letztlich unpolitische Wissenschaft war, nur noch hinhaltenden Widerstand entgegensetzen. Schließlich war Zucker für die unter heftigem politischen Druck begonnene Umgestaltung der FSU als Rektor nicht mehr erwünscht. Am 16. März 1948 musste er gemäß Befehl der SMATh sein Amt als Rektor aufgeben.

## Die Wahl Hunds zum Rektor 1948

Auslösendes Moment dafür und kennzeichnend für die damalige Lage der Jenaer Universität war ein Schreiben vom 9. Januar 1948 des Präsidenten der Deutschen Verwaltung für Volksbildung der SBZ Paul Wandel an die Volksbildungsminister der Länder der SBZ über die Entwicklung der Hochschulen, in dem er sich besonders im Hinblick auf eine fehlende Unterstützung einer stärkeren Berücksichtigung von Arbeiter- und Bauernkindern als Studierende beklagte. Während der Auseinandersetzungen um dieses Schreiben mit der Universität, die sich in ihrer Ehre angegriffen fühlte, fand am 6. Februar 1948 die Wahl des Nachfolgers Zuckers als Rektor statt. Der Große Senat wählte auf Vorschlag des Kleinen Senats (des Ältestengremiums) Friedrich Hund mit 41 Stimmen gegen drei Gegenkandidaten zum neuen Rektor als Nachfolger Zuckers. Die Wahl war offenkundig als ein Signal gedacht vonseiten der noch immer unter den Jenaer Professoren klar in der Mehrheit befindlichen Anhänger der Tradition akademischer Unabhängigkeit gegen die von SED, Thüringischer Landesregierung und SMAD verfolgte Politik der Umgestaltung zur „Sicherung der Demokratisierung der Universität“, wie diese Phase in der offiziellen Universitätsfestschrift von 1958 dann beschönigend bezeichnet wurde.

Welche konkreten Auswirkungen diese politischen Vorstellungen der „Sowjetadministratur“ und ihrer deutschen Verwaltungsorgane hatten, zeigt das Protokoll der mehr als zweistündigen Aussprache von Rektor und Senat mit drei Vertretern der SMAD, mit Präsident Wandel und der Thüringer Volksbildungsministerin Torhorst am 17. Februar in Weimar. Der Sowjetvertreter Solotuchin stellte umissverständlich klar, welche engen Grenzen er für eine universitäre Selbstverwaltung sah:

> „Die SMA ... wird darüber wachen, dass diese Hilfe zum Aufbau einer echten Demokratie genutzt wird. Er möchte annehmen, dass der neue Rektor der Universität [auf] den Weg einer neuen demokratischen Entwicklung führen wird.“

Damit musste dem angesprochenen neuen Rektor Hund klar sein, welche Erwartungen die Sowjetische Militäradministration, die deutsche Zentralverwaltung in Berlin und das Weimarer Ministerium an seine Amtsführung knüpften. Der anschließende Befehl der Militäradministration für Thüringen durch Generalmajor Kolesnytschenko zur Amtsenthebung Friedrich Zuckers als Rektor vom 5. März 1948 enthielt zugleich einen sechs Punkte umfassenden Katalog von Maßnahmen, die Hund als neuer Rektor durchzuführen habe. Die Weimarer Ministerin Torhorst erhielt zugleich verpflichtende Auflagen zur Kontrolle der Universität. Die erhaltenen Protokolle der SED Landesleitung Thüringen zeigen zudem konkret, wie der Druck auf den neuen Rektor und den Senat ausgeübt werden sollte. Priorität genoss die Entfernung von im SED-Sinn „reaktionären“ Studenten aus der Universität und die Platzierung eigener Parteigenossen im Lehrkörper, insbesondere in der nach SMAD-Befehl vom Dezember 1946 einzurichtenden neuen Gesellschaftswissenschaftlichen Fakultät. Außerdem führte der Katalog der inkriminierten bisherigen Verfehlungen der Universität im Befehl vom 5. März auf, dass die SMA eine Enthaltung der Universität gegenüber politisch erwünschten positiven Stellungnahmen, namentlich bei der Propagierung der deutschen Einheit durch einen nach Berlin einzuberufenden Volkskongress und bei den Protesten gegen ein Verbot des Kulturbundes in den Berliner Westsektoren, künftig nicht mehr hinzunehmen bereit sei. Die bisherige Politik Zuckers einer so apolitisch wie möglich geführten Universität Jena wurde direkt angegriffen. Friedrich Hund als dem von einem mehrheitlich dieser Haltung anhängenden Senat gewählten neuen Rektor, der also Zuckers Wissenschaftsverständnis in dieser Hinsicht voll teilte, stand damit eine Amtszeit bevor, deren Konflikte bereits deutlich vorprogrammiert waren. Das konnte kaum gutgehen. Denn der in seiner wissenschaftlichen Qualität unangreifbare Physiker Friedrich Hund war mit seiner Wahl zum Rektor von den Senatoren als Bollwerk gegen die unerwünschte Politisierung der Universität gedacht. Die Annahme des Amts des Universitätsrektors unter diesen Auspizien ehrte Hund und zeigt ihn als mutige Persönlichkeit. Ob die Mehrheit der Professoren mit ihrer Wahl Hunds dabei eine glückliche Hand hatte, ob gerade ein sich dezidiert als unpolitisch verstehender Professor in dieser Situation der richtige Kandidat für das Rektoramt war, darf im Nachhinein durchaus bezweifelt werden[3].

Hund machte den politischen Instanzen in Thüringen von Anfang an durch sein Verhalten wie durch seine Äußerungen klar, dass und wie er als Rektor für eine von politischer Bevormundung freie Universität einstehen wollte. Darüber konnte auch bei der SMA wie bei der Thüringischen Volksbildungsministerin Marie Torhorst kein Zweifel bestehen, als sie ihn für die Amtszeit vom 1. April 1948 bis 31. März 1949 ernannten. Hunds tatsächliche Amtszeit von nur etwas weniger als sieben Monaten bis zu seinem Rücktritt am 29. Oktober 1948 war gekennzeichnet von ständigen Rücktrittsandrohungen gegenüber dem Ministerium, die bereits im April – also wenige Tage nach Amtsantritt – einsetzten und alle in für Hund unerwünschten politischen Stellungnahmen von Universitätsmitgliedern, insbesondere durch politische Solidaritätsbekundungen, ihren Anlass hatten.

Zunächst verabschiedete der Senat unter seinem neuen Rektor am 7. April ein Manifest zur deutschen Einheit, das so allgemein formuliert war, dass sich seine 35 Unterzeichner politisch nicht verbiegen mussten. Konkreter wurde das Veranstaltungsprogramm, das der Senat auf der gleichen Sitzung für das laufende Sommersemester verabschiedete. Am 14. April wollte man an der Gedenkfeier für die 1848er Revolution in Halle teilnehmen, am 5. Mai den 130. Geburtstag von Karl Marx mit einer kleinen Feier begehen, die eigene Revolutionsfeier der Universität für 1848 sollte ohne Talare am 12., am 16. und 17. Mai dann auf dem von der Studentenschaft organisierten interzonalen Wartburgtreffen in Eisenach stattfinden, und vom 20. bis 23. Mai sollte eine Jenaer Delegation mit dem Rektor an den Marburger Hochschulgesprächen teilnehmen. Hund wollte zudem gleich nach dem Wartburgtreffen nach Frankfurt a.M. fahren, um an der Hundertjahrfeier für die Revolution in der Paulskirche teilzunehmen, zu der ihn der Frankfurter Rektor eingeladen hatte.

## Ein Rektor unter Verdacht – das Wartburgtreffen Pfingsten 1948

Dies schien Hund im Sinne des Erhalts der deutschen Einheit ein sinnvoller Beitrag der Universitäten zu sein, wie er in einem Schreiben an die Nachbaruniversitäten formulierte, die er Anfang Mai deshalb um engere Kooperation bat. Die Feier in der Frankfurter Paulskirche und das sich daran unmittelbar anschließen sollende Marburger Treffen erschienen freilich der SED und den deutschen Verwaltungsorganen unerwünschte Konkurrenzunternehmen zur eigenen Einheitspolitik, die sich damals auf eine alleinige Förderung und propagandistische Auswertung des Wartburgtreffens konzentrierte. Rektor Hund erhielt deshalb für die Frankfurter Veranstaltung keinen Interzonenpass. Erst auf nachhaltiges Drängen bekam er dann doch ein solches Dokument wenigstens für die Teilnahme am Treffen in Marburg ausgestellt.

Hunds von solchen politischen Vorgaben deutlich abweichende Überzeugungen aufgrund seiner Wissenschaftsauffassung sprechen klar aus seiner nun erstmals postum 2010 publizierten Rede auf dem Wartburgtreffen an Pfingsten 1948[4]. Dabei ergriff er dort kurzfristig anstelle des verhinderten Altrektors der Humboldt-Universität, des Berliner Altphilologen Johannes Stroux, das Wort zum Thema „Die Bedeutung der Wissenschaft für den Neuaufbau Deutschlands". Hund fühlte sich als Physiker in besonderer Weise zu einer Stellungnahme zu diesem Thema herausgefordert. Denn am Beispiel der technischen Nutzung wollte er deutlich machen, dass es auf Wahrheit bei der wissenschaftlichen Erkenntnis ankomme, dass mit ihr ein neues Naturbild entstehe. Das sei die Konsequenz der Entwicklung der modernen theoretischen Physik. Die Erfahrung der Ablösung unterschiedlicher Naturbilder lehre dabei, dass es ein weiter Weg zur Wirklichkeitserkenntnis sei. „Und schließlich stellt man die Frage, wovon handelt eigentlich die Wissenschaft. Handelt sie von der Wirklichkeit oder einem Modell der Wirklichkeit?" Hunds Rede mündete in das Fazit, dass auch die Wissenschaft betreibenden Menschen durchaus zu den Werktätigen zu zählen seien.

> „An der Universität wird erzogen, aber durch Wissenschaft. Der Student erlebt, wie die Wirklichkeit sich entschleiert, eben durch

> sachliches Denken, durch Absehen von persönlichen Wünschen und Hoffnungen. Er erlebt, dass man der Wahrheit näherkommt, wenn man nicht durch Leidenschaft getrübt ist. [...]. Viel andere Erziehungsmöglichkeiten hat die Universität nicht. Sie ist darauf angewiesen, dass sie Menschen bekommt, denen diese Haltung möglich ist. [...] Es kommt darauf an, dass diese Haltung vorgelebt wird, und dass die Studierenden und Lehrenden so ausgewählt werden können, dass sie sich dieser Führung durch die Wahrheit unterstellen."

Wer wollte, konnte in diesen Formulierungen nicht nur Kritik an, sondern eine offene Kampfansage des Rektors gegen das politische Programm in der SBZ herauslesen. Die SED, die Sowjetische Militäradministration und ihre deutschen Helfer wollten durch eine Selektion von Studierenden und durch bewusste Politisierung der Universität die Wissenschaft und die Wissenschaftler ihren politischen Zwecken dienstbar machen und damit die traditionale, sich vor 1933 dezidiert unpolitisch verstehende deutsche Universität in ihren Strukturen und in ihrer Zweckbestimmung umgestalten.

Eine anonyme Anzeige aus der Universitätsverwaltung selbst, in der Hund mangelnder politischer Aktivität beschuldigt wurde, erreichte das Weimarer Volksbildungsministerium und wohl auch die SMATh im September 1948. Was die offizielle Jenaer Universitätsgeschichte von 1958 als den „ideologischen Kampf der fortschrittlichen Kräfte an der Universität unter Führung der SED unter den Bedingungen des verschärften Klassenkampfes 1948/49" bezeichnete, forderte nun recht schnell den unpolitischen Rektor Hund als Opfer.

Ein Vergleich drängt sich hier auf: Der Dekan der Philosophischen Fakultät, Hans Leisegang, sparte damals in Vorlesungen nicht mit Sottisen gegen das Kommunistische Manifest und wurde im Oktober 1948 mit Eklat entlassen. Er wechselte daraufhin an die in Gründung befindliche Freie Universität in West-Berlin. Hund dagegen versuchte weiterhin Wissenschaft und Politik sorgfältig zu trennen, war deshalb auch nicht bereit, als Universitätsrektor den politischen Machthabern mit Soliddaritätsbezeugungen namens der Universität entgegen zu kommen.

Als das Ministerium im Spätsommer für das kommende Wintersemester 1948/49 eine Reihe von Studienbewerbern aus ideologischen Gründen nicht zuließ, protestierte Hund am 6. Oktober in einem Brief an die Kulturkommission des Landtags gegen die Nichtzulassung „zahlreicher der fachlich besten Bewerber“ und unterrichtete von diesem Vorgang auch alle Professoren der Universität. Außerdem versandte Hund als Rektor an diese abgelehnten Bewerber einen seriellen Brief, in dem er allein das Ministerium für die Ablehnung verantwortlich machte. Es widersprach Hunds akademischem Ethos im Innersten, wie er auch bei späterer Gelegenheit im Ministerium klarstellte, begabten Abiturienten aus politischen Gründen die Möglichkeit zum Studium zu versagen.

## Rücktritt und politische Instrumentalisierung im Herbst 1948

Schließlich bot Hund der Ministerin Torhorst einen geeigneten Vorwand, um ihn zum Verzicht auf sein Rektorenamt zu veranlassen: Am 25. Oktober 1948 hielt der sowjetische Germanist Tschemodanow an der FSU einen Gastvortrag. Hund verzichtete auf eine offizielle Einladung der Universitätsöffentlichkeit zu diesem Ereignis und erschien auch selbst nicht zum Vortrag. Dies konnte von der Ministerin zu einem Akt einer bewussten Provokation stilisiert werden. So geschah es in der Sitzung des Großen Senats vom 29. Oktober, an der die Ministerin und sogar der Thüringer Ministerpräsident Eggerath teilnahmen und ein ganzes Maßnahmebündel zur „Demokratisierung der Universität“ verkündeten, wobei der Rücktritt des Rektors den ersten Platz einnahm. Hund sollte durch die Affäre Tschemodanow diskreditiert und als für die Rolle des Repräsentanten der Universität nicht geeignete Persönlichkeit der Öffentlichkeit präsentiert werden. Hund wurde deswegen ins Weimarer Ministerium einbestellt, wo ihm Frau Torhorst auch sein mangelndes politisches Engagement der letzten Monate vorwarf. Hund räumte im Fall Tschemodanow ein eigenes Fehlverhalten ein und trat vom Amt des Rektors zurück.

Doch war dieses Ereignis offenkundig nur der Vorwand für den vom Ministerium geplanten Rücktritt. Ein nachfolgendes, mehr als kritisches Schreiben des Verwaltungsschefs der SMATh, Generalmajor Kolesnytschenko, vom 1. November über das Vorgehen von Frau Torhorst an den Thüringer Ministerpräsidenten macht deutlich, dass der wahre Grund für den erzwungenen Rücktritt des Rektors in der ablehnenden Haltung Hunds gegenüber der Zulassungspolitik des Ministeriums beim Jenaer Studium lag. Diese sah Kolesnytschenko durchaus zutreffend als grundsätzliche politische Nichtübereinstimmung zwischen Ministerin und Universitätsspitze. Der sowjetische Verwaltungschef tadelte deshalb die Ministerin für ihr Vorgehen und Argumentieren im Senat harsch und forderte eine Klarstellung gegenüber Universität und Öffentlichkeit über die grundsätzlichen politischen Differenzen zwischen SMA, SED und der Universitätsleitung hinsichtlich der Rolle der Universität. Diese sollten deutlich als der entscheidende Grund für den notwendigen Rücktritt Hunds als Rektor herausgestellt werden. Eine solche Offenlegung der Differenzen zwischen Ministerium und Rektoramt wurde aber offensichtlich vom Weimarer Ministerium auch weiterhin umgangen, da die Ministerin wusste, dass ihre Position nicht von der Mehrheit im Jenaer Lehrkörper geteilt und ihr daher nicht im Akademischen Senat durchsetzbar erschien.

## Zwischen Anpassung und Rückzug – die letzten Jahre in Jena 1950/51

Im Rückblick formt sich aus den vielen Einzelereignissen ein Gesamtbild: Am Ende war Friedrich Hund wohl froh, das nie geliebte, aber pflichtbewusst geführte Amt des Rektors, für das er wohl nur auf Betreiben der Kollegen kandidiert hatte, wieder los zu sein. Die schon im April einsetzenden Rücktrittsdrohungen Hunds für den Fall, dass von ihm politische Erklärungen gefordert würden, legen klar, dass er keinen Zoll von seinen Auffassungen über Wissenschaft und universitäre Lebensform abzurücken bereit war. Seine Rede auf dem Wartburgfest bekräftigte noch einmal seine Position. Er war damit in seiner Person das genaue Gegenteil des „forschrittlichen" bürgerlichen Professors, den sich die SED als Helfer in ihrem Umgestaltungsprozess der Universitäten in der SBZ wünschte. Das Dilemma der SED war aber, dass akademische Lehre und universitäre Forschung gerade auf dem Gebiet der Naturwissenschaften an den Universitäten ohne renommierte Forscher, zumal vom Range Friedrich

Hunds, nicht aufrechterhalten werden konnte. Entsprechend vorsichtig fiel deshalb noch 1958 in der offiziellen Jenaer Universitätsgeschichte die Kritik an der Rektoratszeit Hunds im Vergleich zur klassenkämpferischen Abrechnung mit Hans Leisegang aus.

Hunds eigene Position gegenüber den Möglichkeiten zu anspruchsvoller Lehre und Forschung an der Universität Jena war offensichtlich ohnehin damals bereits von tiefer Skepsis geprägt. Einen bewussten Bruch mit der SBZ erwog er gleichwohl noch nicht. Es stärkte vielmehr noch einmal seine Position an der Universität Jena wie im Wissenschaftsbetrieb der SBZ, dass er nahezu zeitgleich zum Rücktritt vom Rektorenamt im November 1948 einen Ruf auf eine Professur an der TU Berlin erhielt. Insbesondere der damalige Leiter der Hochschulabteilung des Thüringischen Volksbildungsministeriums, Wilhelm Senff, versuchte nach dem Bruch mit Friedrich Hund als Rektor doch den renommierten Wissenschaftler Hund an der Alma Mater Jenensis zu halten. Brieflich legte Hund dazu seine grundsätzliche Position dar. Seine Überlegungen zu einem Verbleiben in Jena würden sich daran orientieren, „ob es weiter hier möglich ist, freie Lehrstühle mit den besten erreichbaren Kräften zu besetzen, ob es möglich ist, nicht marxistische Kollegen zu halten und nicht marxistische Studenten vor dem Abwandern zu bewahren." Damit hatte Hund seine im Konflikt um die Zulassung von Studenten eingenommene Haltung kompromisslos bekräftigt. Dennoch wollte die SED wegen der offenkundigen Malaise in den Naturwissenschaften einen international so renommierten Physiker wie Hund als Garanten für das wissenschaftliche Ansehen der Universitäten in der SBZ sichern.

Als Rektor stand jedoch inzwischen in Jena der Botaniker Otto Schwarz als Wunschkandidat des Ministeriums für die Nachfolge Hunds zur Verfügung. Der seit 1927 als Mitglied der KPD eingeschriebene Schwarz war am 30. Oktober 1946 zum außerordentlichen Professor und am 21. September 1948 zum ordentlichen Professor für Spezielle Botanik ernannt worden. Mit ihm besaß das Ministerium einen für seine Politik der Umgestaltung der Universität willfährigeren Ordinarius für das Amt des Rektors. Den Kleinen Senat hatte die Ministerin Torhorst deshalb aufgefordert, den bislang von diesem Gremium gar nicht als Kandidaten erwogenen Schwarz zu nominieren, da es zu einer Krise in den Beziehungen zwischen Universität, Ministerium und der Sowjetischen Militäradministration Thüringen gekommen sei. Frau Torhorst erklärte, dass Schwarz der einzige Kandidat für das Amt des Rektors sei, der im Falle seiner Wahl auch vom Ministerium und der SMATh bestätigt werde. Unter den Auspizien der gegenwärtigen Vertrauenskrise müsse der Eingriff in die Hochschulautonomie als einmaliger Vorgang angesehen werden. Schwarz wurde dann auch als einziger Kandidat nominiert und am 8. November 1948 vom Großen Senat in geheimer Wahl mit 53 von 76 Stimmen gewählt. Auf den gar nicht kandidierenden Friedrich Hund entfielen 2 Stimmen, 21 waren ungültig. Wenn selbst in dieser Situation offener Pression Hund nochmals 2 Stimmen bei der Rektorwahl erhielt, zeigt dies deutlich, dass er mit seinem bewusst unpolitischen Verhalten während des Rektorats für viele Universitätsmitglieder ein deutliches, erwünschtes positives Zeichen gesetzt hatte.

Den Wissenschaftler Hund ehrte freilich die Deutsche Akademie der Wissenschaften in Berlin am 26. April 1949 mit der Wahl zum ordentlichen Mitglied. Einem derart geachteten Wissenschaftler konnte auch die SED es nicht verwehren, die Physik in der SBZ auch im Westen zu repräsentieren. Hund durfte im Herbst 1949 nach Bonn zur Physikertagung reisen, auch zu Vorträgen in Heidelberg und Stuttgart. Im Sinne ihrer Propaganda gegen die inzwischen vollzogene Staatsgründung der drei Westzonen als Bundesrepublik gaben sich SED und SMA damals ohnehin besonders gesamtdeutsch.

Für Hund mussten sich die während der Bleibeverhandlungen nach dem Ruf nach Westberlin brieflich formulierten Prämissen für sein weiteres Wirken in Jena angesichts des immer stärkeren Zugriffs der SED auf die Universität als kaum mehr erfüllbare Hoffnungen darstellen. Dabei verweisen die Akten darauf, dass sich das neue Volksbildungsministerium der DDR in Berlin in mehreren Fällen darum bemühte, dem bedeutenden Physiker in seinen Forderungen entgegenzukommen, während man in der Hochschulverwaltung des Thüringischen Ministeriums in Weimar eifersüchtig die eigenen Kompetenzen gewahrt sehen wollte und mit der konsequent verfolgten Linie der Umgestaltung der Universität Jena zur Volksuniversität auch vor Schikanen gegenüber anerkannten Naturwissenschaftlern wie Hund nicht zurückschreckte.

Als das Berliner Ministerium Hund ein zusätzliches Kontingent an Physikstudenten zugestand, protestierte der Leiter der Weimarer Hochschulabteilung gegen die Übergehung seines Amtes. Kühl verwies das Berliner Ministerium jedoch auf seine Kompetenzen. Offensichtlich verfolgte die Zentrale ein anderes Konzept zur Förderung naturwissenschaftlicher Lehre und Forschung an Universitäten in der sich damals konstituierenden DDR als die Thüringische Landesverwaltung, bei der die Durchsetzung des Zweijahresplans an der Universität Jena zur „Entwicklung in der antifaschistisch-demokratischen Ordnung" im Vordergrund stand. Im Dezember 1948 war zu diesem Zweck ein „Block der antifaschistisch-demokratischen Parteien und Organisationen an der Friedrich-Schiller-Universität Jena" gegründet worden. An die Spitze der Bewegung stellte sich Rektor Otto Schwarz.

Im Mai 1949 erhielt auch die FSU mit der „Vorläufigen Arbeitsordnung der Universitäten und wissenschaftlichen Hochschulen der Sowjetischen Besatzungszone Deutschlands" eine neue Verfassung, welche die bis dahin gültige von 1924 ersetzte. Wer wie die Weimarer Hochschulverwaltung den Schlusssatz des § 1 wörtlich nahm, „als wahre Volksuniversitäten brechen sie entschlossen mit den herkömmlichen Begünstigungen bestimmter Stände und Klassen; sie fördern daher das Arbeiter- und Bauernstudium", musste über die von Berlin mit Friedrich Hund ausgehandelte Sonderregelung für eine zusätzliche Zulassung von Physikstudenten allein nach Begabtenkriterium erbost sein. So war geradezu typisch für das Gegeneinander von Zentrale in Berlin und Landesverwaltung in Weimar, dass Hund damals wegen seiner wissenschaftlichen Leistungen als Physiker von Berlin mit dem Nationalpreis II. Klasse für 1949 ausgezeichnet wurde.

## Der Bruch mit der DDR 1951 und die Nachwirkungen

Als Friedrich Hund am 19. Juli 1950 die Hochschulverwaltung brieflich von einem erhaltenen Ruf an die Universität Frankfurt am Main unterrichtete, begann erneut ein Gegeneinander der Hochschulverwaltungen in Berlin und Weimar. Allein in Berlin versuchte man Hund entgegenzukommen, denn nach Frankfurt wollte man ihn auf keinen Fall ziehen lassen. Als Hund am 2. Januar 1951 mit einer formellen Kündigung seines Dienstvertrages antwortete, da er seit 1946 nur im Angestelltenverhältnis beschäftigt und besoldet worden war, erfolgte zunächst am 12. Januar eine mündliche Ablehnung durch den Staatssekretär für Hochschulfragen. In einem Brief vom 17. Januar 1951 machte Hund daraufhin noch einmal deutlich, weshalb er Jena verlassen wolle:

> „ein erzwungenes Hierblieben bedeutet nicht nur die Aufgabe der Hoffnung, innerhalb der Gemeinschaft der Quantentheoretiker noch einmal zu produktiver Mitarbeit zu kommen."

In der Tat musste Friedrich Hund bei einer Sichtung des Ertrags seiner bisherigen wissenschaftlichen Forschungstätigkeit in Jena zu einer ihn wohl nur wenig befriedigenden Bilanz kommen. Zwar hatte er an seinem mehrbändigen Lehrbuch *Einführung in die Theoretische Physik* weitergearbeitet. An Aufsätzen konnte er aber nur zwei über „Max Planck und die Entdeckung des Wirkungsquantums" von 1947 und über „Zugänge zum Verständnis der allgemeinen Relativitätstheorie" im Jahrgang 1948 der *Zeitschrift für Physik* vorweisen. In Jena hatte er zudem 1949 seine Rede als Rektor über „Physik und allgemeine Bildung" publiziert und im gleichen Jahr wurde Hunds Gedenkvortrag für Max Planck vom 1. Juli 1948 über „Wirkungsquantum und Naturbeschreibung" als Beitrag des neuen Berliner Akademiemitglieds gedruckt. Der Quantentheoretiker Friedrich Hund sah bei aller ihm eigenen Bereitschaft zu politischer wie hochschulpolitischer Askese für sich als Wissenschaftler keinen Sinn mehr in einem Verbleiben in der fachlichen Isolation einer sozialistisch geführten Universität. Als auch ein persönliches Gespräch mit dem Staatssekretär in Berlin im Februar 1951 zu keinem Einverständnis mit seiner Kündigung führte, reichte er am 24. Februar in Jena ein Gesuch um Beurlaubung ohne Bezüge ein für ein Gastsemester ab April an der Universität Frankfurt am Main. Diesem Gesuch wurde noch am gleichen Tag von der Fakultät zugestimmt, die Zustimmung des Staatssekretariats in Berlin erfolgte dann am 8. März, als Hund bereits nach Frankfurt abgereist war.

Daraus ergab sich der endgültige Bruch Hunds mit Jena und mit der DDR. Die Art und Weise, wie er mit seiner in Jena noch zurückgebliebenen Familie endgültig nach Frankfurt übersiedeln sollte, war zunächst noch unklar. Hund meldete sich nach Ende der Frankfurter Lehrveranstaltungen des SS 1951 wieder für das WS 1951/52 in Jena zurück, kündigte aber zugleich bis dahin einen längeren Urlaub im Westen an. In Jena ordnete die Universität sogar schon die Wiederaufnahme der Zahlungen seiner Bezüge zum 1. Oktober 1951 an.

Ende Juli verließ die gesamte Familie Hund Jena mit nur leichtem Gepäck. Friedrich Hund hoffte auf eine einvernehmliche Lösung mit dem Hochschulstaatssekretariat zum Erhalt seines Eigentums und seiner Bibliothek. Als sich diese Hoffnung zunächst zerschlug, hielt er seine Kündigung vom 2. Januar 1951 dem Ministerium gegenüber aufrecht, schickte aus Frankfurt seinen Dienstausweis zurück, teilte dem Rektor in Jena mit, was er an Wertgegenständen und Sparbüchern zurückgelassen hatte, und traf Verfügungen über seine Bibliothek und seine Möbel.

Ob im Hochschulstaatssekretariat und im Rektorat der FSU wirklich jemand an eine dauerhafte Rückkehr Hunds aus Frankfurt nach Jena geglaubt hatte? Es dauerte bis März 1952, bevor mit dem Staatssekretariat eine halbwegs einvernehmliche Lösung zur Überführung der Möbel der Familie Hund gefunden wurde; über die Restitution des sonstigen in der DDR zurückgelassenen Vermögens gab es noch 1958/59 einen Briefwechsel mit dem Staatssekretär für das Hochschulwesen. Friedrich Hund blieb jedenfalls auch nach seinem Weggang nach Frankfurt und dann ab 1956 nach seinem Wechsel nach Göttingen weiterhin Nationalpreisträger der DDR und Mitglied der Sächsischen Akademie, der Leopoldina und der Deutschen Akademie der Wissenschaften.

Als im November 1957 offensichtlich im Vorfeld der Arbeiten an der Jubiläums-Universitätsgeschichte der FSU der Vorschlag aus Jena erging, Hund den Nationalpreis von 1949 wieder abzuerkennen, wurde dies im Januar 1958 vom Staatssekretär Girnus abgelehnt. Die Berufung Hunds nach Jena 1946 und sein dortiges Wirken bis 1951 sollte noch immer etwas Glanz auf die ansonsten im Rückblick wohl zu wenig strahlend erscheinende Nachkriegsgeschichte der Thüringischen Landesuniversität werfen. So erhielten in der offiziellen Universitätsgeschichtsdarstellung von 1958 der Rücktritt des nun im Text als „bekannten Physiker" bezeichneten Hund vom Rektoramt und die Wahl des Kommunisten Schwarz zu seinem Nachfolger zwar einen gebührenden Platz in der Darstellung der Rolle der FSU während der „Verschärfung des Klassenkampfes in

Deutschland durch die Spaltungspolitik der imperialistischen Westmächte". Freilich, dass man 1957 in der Eingabe an das Staatssekretariat Hund den Nationalpreis noch aberkennen wollte und dafür als Grund die „Republikflucht" Hunds von 1951 genannt hatte, blieb nun völlig unerwähnt.

## Anmerkungen

1 Helmut G. Walther: Die Jenaer Zeit als Professor und Universitätsrektor, 1946 - 1951. In: *Hundert Jahre Friedrich Hund. Ein Rückblick auf das Wirken eines bedeutenden Physikers.* Nachrichten der Akademie der Wissenschaften zu Göttingen, Mathematisch-Physikalische Klasse **1996**, 1, 53 - 61- (Wiederabdruck in Helmut G. Walther: *Von der Veränderbarkeit der Welt. Ausgewählte Aufsätze - Festgabe zu seinem 60. Geburtstag* (Hrsg.: Stephan Freund, Klaus Krüger und Matthias Werner). Lang, Frankfurt am Main et al., **2004**, 425 - 435 ).

2 Ich greife hier insbesonders auf folgende eigene Darlegung zurück: Helmut G. Walther: Die ersten Nachkriegsrektoren Friedrich Zucker und Friedrich Hund. In: *Hochschule im Sozialismus. Studien zur Geschichte der Friedrich-Schiller-Universität Jena (1945 - 1990)* (Hrsg.: Uwe Hoßfeld, Tobias Kaiser und Heinz Mestrup). Böhlau, Köln et al., **2007**, 1911 - 1928.Wichtige Ergänzungen insbesondere an bis dahin unpubliziertem Quellenmaterial bietet nun auch der Band *„Stellt alles Trennende zurück!" - Eine Quellenedition zum „Wartburgtreffen der Deutschen Studentenschaft Pfingsten 1948" in Eisenach* (Hrsg.: Jürgen John mit Christian Faludi). Quellen und Beiträge zur Geschichte der Universität Jena, Band 8. Franz Steiner, Stuttgart, **2010**.

3 Dazu detaillierter H. G. Walther: Jena war die falsche Stadt. Die Geschichte Friedrich Hunds. *TLZ Treffpunkt* **1996**, Ausgabe vom 3. Februar, S. 3.

4 *„Stellt alles Trennende zurück!" - Eine Quellenedition zum „Wartburgtreffen der Deutschen Studentenschaft Pfingsten 1948" in Eisenach* (Hrsg.: Jürgen John mit Christian Faludi). Quellen und Beiträge zur Geschichte der Universität Jena, Band 8). Franz Steiner, Stuttgart, **2010**, 277 - 286, Nr. 50c.

# 2

# Drei Leben in einem Jahrhundert

## Mein Vater, der Physiker Friedrich Hund (1896–1997)

*„Als äußeres Zeichen meiner Anerkennung überreiche ich Ihnen anbei einen Bezugsschein auf ein Paar Schuhe zu Ihrer persönlicher Verwendung."*

— Schreiben von Werner Eggerath, Ministerpräsidenten von Thüringen, an Rektor Friedrich Hund, April 1949


Friedrich Hunds langer Weg nach Göttingen

›<https://doi.org/10.47261/1577-2>

## Von Gerhard Hund (1932–2024)[1]

Zur Orientierung beginne ich als Überblick über das Leben meines Vaters mit einer kleinen Zeitachse (**Abb. 2.1.**). Er lebte 101 Jahre – ein langes Leben, das sich in drei Abschnitte gliedern lässt:

- Zunächst 31 Jahre Ausbildung inklusive Promotion und Habilitation.
- Es folgten 30 Wanderjahre,
- Schließlich 40 Jahre wieder in Göttingen.

Zu diesen Wanderjahren zählen Stationen in Rostock, Harvard, Leipzig, Jena, Frankfurt, Maryland und wieder Frankfurt – allein fünf Jahre davon verbrachte er in Jena.

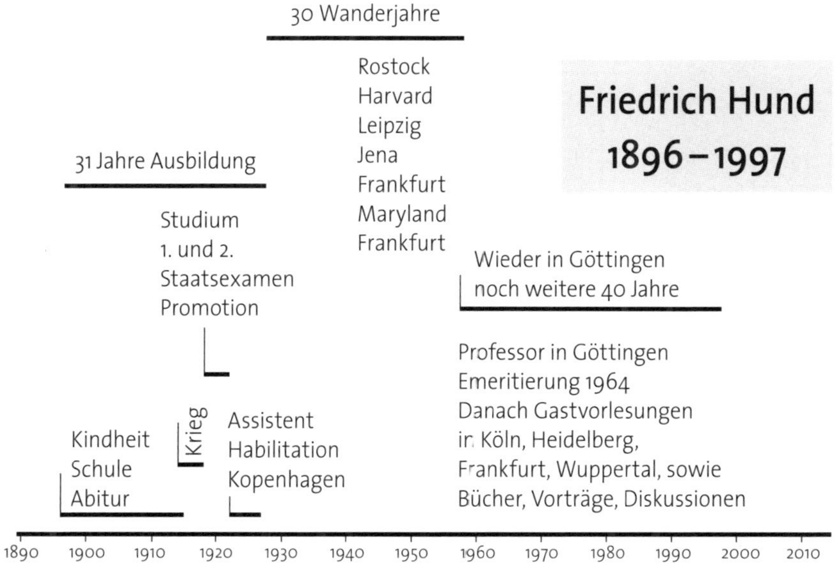


**Abb. 2.1.** Zeitachse zum Leben von Friedrich Hund.

Auch nach seiner Emeritierung hielt er zahlreiche Vorlesungen. Er hielt Gastvorlesungen in Köln, Heidelberg, Frankfurt und Wuppertal, schrieb Bücher, hielt Vorträge und nahm an Diskussionen teil. In den letzten Jahren ist er erblindet. Dennoch diskutierte er 1996 noch mit Carl Friedrich von Weizsäcker, einem seiner früheren Doktoranden.

## Herkunft und frühe Bildung – Vom Hinterhof zur Wissenschaft

**Abb. 2.2.** zeigt ein Foto aus dem Jahr 1914, aufgenommen im Hinterhof des elterlichen Hauses am Marktplatz in Naumburg. Links und rechts seine Eltern, in der Mitte seine Schwestern und hinten steht mein Vater. Seine Eltern konnten ihm kein Studium finanzieren, sie betrieben ein kleines Geschäft am Markt in Naumburg. Nur seinem Lehrer Paul Schönhals

**Abb. 2.2.** Familienfoto aus der Jugendzeit von Friedrich Hund (hinten stehend), 1914. Links und rechts die Eltern, in der Mitte seine Schwestern.

**Abb. 2.3.** Friedrich Hund, Göttingen, 1920er Jahre.

verdankte er es, dass er überhaupt studieren konnte. Dieser verschaffte ihm ein Stipendium, das mein Vater dann durch Nachhilfestunden etwas aufbesserte.

Es war sein Mathematiklehrer und nicht etwa der Physiklehrer, der sein Talent für Physik erkannte und ihm ein Stipendium ermöglichte. Mein Vater hatte Glück. Vielleicht ist es überhaupt das Entscheidende im Leben. Er hatte Glück im Unglück: 1914 brach er sich den Fuß und entging so der Einberufung zum Ersten Weltkrieg. Als Einziger seiner Klasse blieb er zurück und half seinem Physiklehrer beim Unterricht der jüngeren Jahrgänge. Erst nach der Heilung wurde er schließlich doch zum Militär eingezogen – allerdings zum Wetterdienst, der als weniger gefährlich galt. Nach dem Krieg nahm er sein Studium zunächst in Marburg und später in Göttingen auf.

Auf dem Bild wirkt er noch recht jung (**Abb. 2.3.**). Welches Jahr das ist, weiß ich nicht genau, aber es ist aus seiner Studienzeit in Göttingen. Damals war er Student – später wurde er Doktorand und schließlich Assistent von Max Born.

## Göttingen in den 1920ern – Quantenphysik und „Bonzen“

Und jetzt kommt eine kleine Passage, in der mein Vater erklärt, wie eigentlich die Atmosphäre in Göttingen war. Eine Fotografie von der sogenannten „Franckfeier“ 1923 zeigt die vier prägenden Figuren dieser Zeit: Max Reich, Max Born, James Franck und Robert Pohl (**Abb. 2.4.**). Mein Vater nannte sie – halb bewundernd, halb ironisch – die „Bonzen“.

**Abb. 2.4.** Die „Bonzen“ auf der „Franckfeier“ 1923, von links: Max Reich, Max Born, James Franck und Robert Pohl.

Das waren die Chefs, die Professoren, die das Institut leiteten. Unter dem Originalfoto, das ich zu Hause besitze, steht handschriftlich: „Die Bonzen“.

Zu Hertha Sponer gibt es eine bemerkenswerte Episode. Ich besitze noch den Zeitungsartikel, der damals erschien, als sie zu einer Auslandsreise aufbrach (**Abb. 2.5.**). Die jungen Physiker hatten sich einen Scherz erlaubt: Sie schrieben einen frei erfundenen Bericht über eine angebliche Abschiedsfeier für Hertha Sponer – eine Veranstaltung, die nie stattgefunden hatte. Die Zeitung druckte den Text ungeprüft ab. Man darf also nicht alles glauben, was in der Zeitung steht.

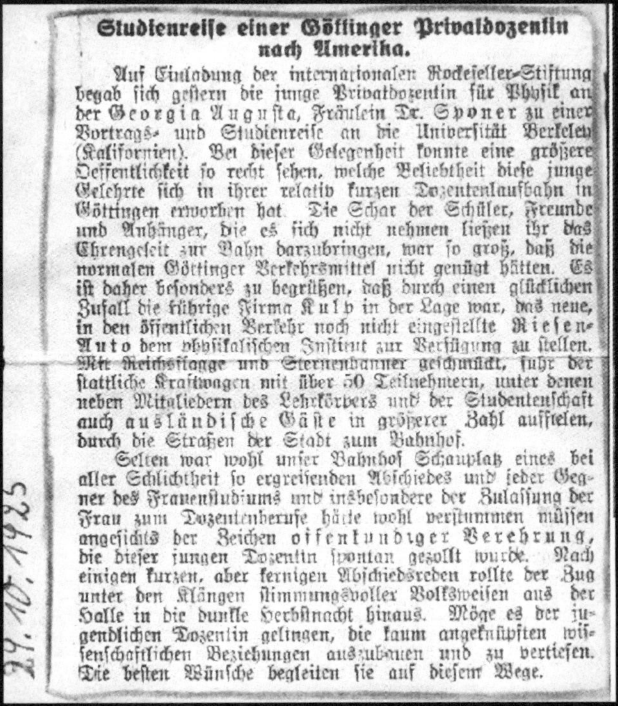

**Studienreise einer Göttinger Privatdozentin nach Amerika.**

Auf Einladung der internationalen Rockefeller-Stiftung begab sich gestern die junge Privatdozentin für Physik an der Georgia Augusta, Fräulein Dr. Sponer zu einer Vortrags- und Studienreise an die Universität Berkeley (Kalifornien). Bei dieser Gelegenheit konnte eine größere Oeffentlichkeit so recht sehen, welche Beliebtheit diese junge Gelehrte sich in ihrer relativ kurzen Dozentenlaufbahn in Göttingen erworben hat. Die Schar der Schüler, Freunde und Anhänger, die es sich nicht nehmen ließen ihr das Ehrengeleit zur Bahn darzubringen, war so groß, daß die normalen Göttinger Verkehrsmittel nicht genügt hätten. Es ist daher besonders zu begrüßen, daß durch einen glücklichen Zufall die rührige Firma Kulp in der Lage war, das neue, in den öffentlichen Verkehr noch nicht eingestellte Riesen-Auto dem physikalischen Institut zur Verfügung zu stellen. Mit Reichsflagge und Sternenbanner geschmückt, fuhr der stattliche Kraftwagen mit über 50 Teilnehmern, unter denen neben Mitgliedern des Lehrkörpers und der Studentenschaft auch ausländische Gäste in größerer Zahl auffielen, durch die Straßen der Stadt zum Bahnhof.

Selten war wohl unser Bahnhof Schauplatz eines bei aller Schlichtheit so ergreifenden Abschiedes und jeder Gegner des Frauenstudiums und insbesondere der Zulassung der Frau zum Dozentenberufe hätte wohl verstummen müssen angesichts der Zeichen offenkundiger Verehrung, die dieser jungen Dozentin spontan gezollt wurde. Nach einigen kurzen, aber kernigen Abschiedsreden rollte der Zug unter den Klängen stimmungsvoller Volksweisen aus der Halle in die dunkle Herbstnacht hinaus. Möge es der jugendlichen Dozentin gelingen, die kaum angeknüpften wissenschaftlichen Beziehungen auszubauen und zu vertiefen. Die besten Wünsche begleiten sie auf diesem Wege.

29. 10. 1925

**Abb. 2.5.** Zeitungsartikel vom 29. Oktober 1925 zur Göttinger Studienreise von Hertha Sponer. Der Text wurde der Zeitung von jungen Göttinger Physikern untergejubelt.

**Studienreise einer Göttinger Privatdozentin nach Amerika.**

Auf Einladung der internationalen Rockefeller-Stiftung begab sich gestern die junge Privatdozentin für Physik an der GEORGIA AUGUSTA, Fräulein Dr. Sponer zu einer Vortrags- und Studienreise an die Universität Berkeley (Kalifornien). Bei dieser Gelegenheit konnte eine größere Oeffentlichkeit so recht sehen, welche Beliebtheit diese junge Gelehrte sich in ihrer relativ kurzen Dozentenlaufbahn in Göttingen erworben hat. Die Schar der Schüler, Freunde und Anhänger, die es sich nicht nehmen ließen ihr das Ehrengeleit zur Bahn darzubringen, war so groß, daß die normalen Göttinger Verkehrsmittel nicht genügt hätten. Es ist daher besonders zu begrüßen, daß durch einen glücklichen Zufall die rührige Firma KULP in der Lage war, das neue, in den öffentlichen Verkehr noch nicht eingestellte RIESEN-AUTO dem physikalischen Institut zur Verfügung zu stellen. Mit Reichsflagge und Sternenbanner geschmückt, fuhr der stattliche Kraftwagen mit über 50 Teilnehmern, unter denen neben Mitgliedern des Lehrkörpers und der Studentenschaft auch AUSLÄNDISCHE GÄSTE in größerer Zahl auffielen, durch die Straßen der Stadt zum Bahnhof.

Selten war wohl unser Bahnhof Schauplatz eines bei aller Schlichtheit so ergreifenden Abschiedes und jeder Gegner des Frauenstudiums und insbesondere der Zulassung der Frau zum Dozentenberufe hätte wohl verstummen müssen angesichts der Zeichen OFFENKUNDIGER VEREHRUNG, die dieser jungen Dozentin spontan gezollt wurde. Nach einigen kurzen, aber kernigen Abschiedsreden rollte der Zug unter den Klängen stimmungsvoller Volksweisen aus der Halle in die dunkle Herbstnacht hinaus. Möge es der jugendlichen Dozentin gelingen, die kaum angeknüpften wissenschaftlichen Beziehungen auszubauen und zu vertiefen. Die besten Wünsche begleiten sie auf diesem Wege.

Vermutlich waren mein Vater, Werner Heisenberg und einige andere an diesem Streich beteiligt. Der Artikel erschien am 29. Oktober 1925, kurz vor ihrer Abreise nach Amerika. Wichtig ist darin eigentlich nur ein Satz:

> „Selten war wohl unser Bahnhof Schauplatz eines bei aller Schlichtheit so ergreifenden Abschiedes und jeder Gegner des Frauenstudiums und insbesondere der Zulassung der Frau zum Dozentenberuf hätte wohl verstummen müssen angesichts der Zeichen *offenkundiger Verehrung*, die dieser jungen Dozentin spontan gezollt wurde.“

Man kann den Text als humorvollen Protest lesen – als augenzwinkerndes Plädoyer für das Frauenstudium. Und die Zeitung fiel prompt darauf herein.

## Leipzig 1945 – Würde statt Gehorsam

Dann überspringen wir einen größeren Zeitraum und gehen direkt nach Leipzig zum Kriegsende. Leipzig war zunächst von amerikanischen Truppen besetzt, wurde dann aber geräumt, und die Russen rückten ein.

Ich besitze ein sechsseitiges *Originalprotokoll*, das mein Vater damals selbst verfasst hat. Es handelt sich um Aufzeichnungen der Woche vom 22. bis zum 29. Juni 1945 und ist bislang unveröffentlicht, es befindet sich nur in meinem Besitz.[2]

Aus diesem Protokoll möchte ich Ihnen eine Passage präsentieren, die zeigt, wie mein Vater in dieser Situation über Amerikaner und Russen dachte. Er wurde von der Kriminalpolizei aufgefordert, sich beim CIC zu melden. Dort teilte man ihm mit, dass er in den Westen mitkommen müsse. Sie sagten (**Abb. 2.6.**):

> „Sie können sich denken warum – und Sie müssen."
> — „Es ist also Zwang?"
> „Sie müssen!"
> — „Wie wollen Sie denn Zwang ausüben?"
> „Dazu haben wir die Mittel?"
> — „Wollen Sie mich und meine Familie mit der Maschinenpistole zwingen, morgen früh in das Auto zu steigen?"
> „Nicht gerade genau so, aber Sie müssen."
> — „Ich könnte ja morgen von Leipzig abwesend sein."
> „Wir würden Sie rasch auffinden."[3]

**Abb. 2.6.** Zitierter Ausschnitt aus Friedrich Hunds handschriftlichem Protokoll vom 25. Juni 1945 beim Abzug der US-Truppen.

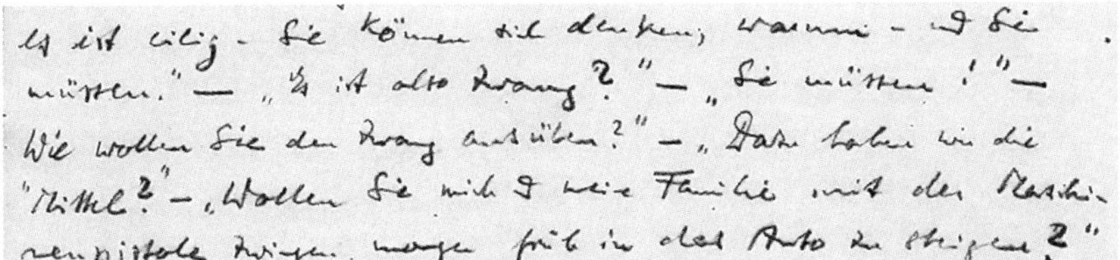
Es ist eilig. – Sie können sich denken, warum – und Sie
müssen." – „Es ist also Zwang?" – „Sie müssen!" –
Wie wollen Sie den Zwang ausüben?" – „Dazu haben wir die
"Mittel?" – „Wollen Sie mich und meine Familie mit der Maschi-
nenpistole zwingen, morgen früh in das Auto zu steigen?"
– „Nicht gerade genau so, aber Sie müssen" – „Ich könnte
ja morgen von Leipzig abwesend sein" – „Wir würden Sie
rasch auffinden" – Mir wurde dann noch die Liste meiner

Das gefiel meinem Vater überhaupt nicht. Er wollte von den Amerikanern nicht als Sklave oder Kriegsbeute abtransportiert werden, denn fast alle Professoren mussten gehen – zwangsweise. Einige versteckten sich, mein Vater auch. Er war zu dieser Zeit Prorektor und besprach sich mit dem Rektor. Gemeinsam entschieden sie, dass er sich versteckt, damit die Amerikaner ihn nicht finden.

Doch die Amerikaner verhafteten daraufhin unsere Haushälterin, also unsere Hausangestellte. Sie kam über Nacht ins Gefängnis und wurde verhört. Da sie nichts wusste, konnte sie auch nichts sagen. Aber als mein Vater davon erfuhr, kamen ihm Zweifel an seiner Entscheidung. Im Protokoll steht auf der vierten Seite:

> „Nach der Abholung der Hausgehilfin musste ich nochmal mit meiner Frau die Lage besprechen, da ja jetzt andere für mich zu leiden hatten. Wir mussten dafür sorgen, dass, wenn das weiterging, ich es erführe. Denn dann müsste ich wohl mich stellen."[4]

Gott sei Dank entließen die Amerikaner unsere Haushälterin. Der Geheimdienst sagte ihr allerdings: Wenn Ihr Hausherr nicht antritt, dann wird sie erneut verhaftet.

Weiter schreibt mein Vater dann den entscheidenden Satz:

> „Ich will auch dann bei der Weigerung bleiben. Es ist für die Universität unwürdig, wenn ihre Professoren wie Maschinenteile ausgewechselt würden. Etwas anderes wäre es gewesen, wenn die Amerikaner mir ein von einem mir bekannten Forscher ausgehendes schriftliches Angebot gemacht hätten und ich es hätte bedenken können."[5]

Einfach abtransportiert zu werden, das hielt er für unwürdig. Das war der wahre Grund, weshalb er sich versteckt hat.

Andere – auch amerikanische Wissenschaftler oder Historiker – behaupten, der eigentliche Grund sei gewesen, dass er sein Haus nicht habe verlassen wollen. Das ist falsch.

## Jena – Neuanfang im Osten

Dann kam der Wechsel nach Jena. Professor Walther hat dazu ja im vorangegangenen **BEITRAG 1** schon etwas erzählt.

Es gab mehrere Gründe, von Leipzig nach Jena zu wechseln. Leipzig war völlig zerstört – zumindest die Universitätsinstitute. Viele Kollegen waren bereits abtransportiert worden, zunächst in den Westen, später einige noch nach Russland. In Jena dagegen waren die Universitätsinstitute größtenteils noch intakt.

Und doch hätte der Wechsel wegen des Wohnungsmangels beinahe nicht stattgefunden. In letzter Minute fand sich noch eine Wohnung – im Von-Hase-Weg, wo wir etwa zwei Jahre lang lebten. Wäre das nicht gelungen, wäre mein Vater wohl in Leipzig geblieben. Dort besaß er ein Haus – in Jena aber hätte er nicht auf der Straße leben können.

**Abb. 2.7.** Friedrich Hund mit seiner Frau Ingeborg Seynsche und den fünf Kindern im Jahr 1950 in Jena.

Zunächst also wohnten wir im Von-Hase-Weg. Gut zwei Jahre später zogen wir aufgrund eines Zufalls in die Otto-Devrient-Straße um: Mein Vater war inzwischen Rektor, und in dieser Funktion wurde er im Von-Hase-Weg von zwei hochrangigen Persönlichkeiten besucht – vermutlich von Vertretern der sowjetischen Militäradministration und der Universität. Es war ihnen ausgesprochen peinlich, wie dürftig ein Rektor untergebracht war. Daraufhin bemühte man sich um eine angemessene Wohnung.

Kurz darauf wurde ein Haus in der Otto-Devrient-Straße frei und wir konnten umziehen. Die grundsätzlichen Probleme blieben zwar die gleichen, aber wir hatten nun ein Einfamilienhaus mit ausreichend Platz – und es wirkte doch etwas repräsentativer als die primitive Unterkunft im Von-Hase-Weg.

## Familienleben – Mit Bauklötzen zur Physik

Dann gibt es einiges aus Sicht der Kinder zu erzählen. Ich kann nur von dem berichten, was ich selbst erlebt habe oder wozu ich Originaldokumente besitze, etwa Briefe oder Fotos. Auch wir Kinder haben natürlich die Zeit nach dem Krieg in Jena mitbekommen. Es herrschte Mangel an allem – vor allem an Essen.

Unsere Mutter tauschte mit den Russen Zigaretten und Schnaps gegen Brot – über Mittelsmänner, denn als Rektorengattin durfte sie nicht direkt mit den Russen verhandeln. Häufig fiel der Strom aus, deshalb mussten wir immer Kerzen griffbereit haben. Gas war ebenfalls nicht immer vorhanden. Aber Bohnerwachs gab es noch zu kaufen. Damit kochte meine Mutter, weil kein Spiritus mehr zu bekommen war – Bohnerwachs brennt ja auch.

Auch die Heizung war ein Problem. In beiden Wohnungen, der alten wie der neuen, gab es nur einen Kachelofen. Das bedeutete: ein einziges geheiztes Zimmer, der Rest des Hauses blieb kalt. Im Winter herrschten im Schlafzimmer manchmal minus zehn Grad – morgens war das Wasser in der Waschschüssel gefroren. Aber unter der Bettdecke ging es.

Rückblickend noch eine kurze Episode aus Leipzig: Kurz vor Weihnachten wurden wir dort einmal von einem früheren Schüler meines Vaters besucht. Er brachte eine Weihnachtsgans mit. Doch mein Vater, der unbedingt unabhängig bleiben wollte – er konnte gar nicht anders –, lehnte das Geschenk ab. Die Gans ging an das Rote Kreuz. Meine Mutter war natürlich sauer, denn wir hatten Hunger. Aber für meinen Vater war klar: Er konnte keine Gans annehmen. Auch nicht von jemandem, der früher bei ihm das Examen abgelegt hatte. Das ging einfach nicht.

Er war aber auch hilfsbereit. Der Jenaer Kunstmaler Georg Böttcher hatte sich einmal Geld bei meinem Vater geliehen, konnte es aber nicht zurückzahlen. Mein Vater hatte gesagt: Das brauchst du nicht zurückzuzahlen, dann male mir ein Bild von meinen Kindern. Das Bild existiert heute noch, ich habe es in meinem Besitz (**Abb. 2.8.**).

**Abb. 2.8.** Die fünf Kinder von Friedrich Hund um 1948, gezeichnet von Georg Böttcher.

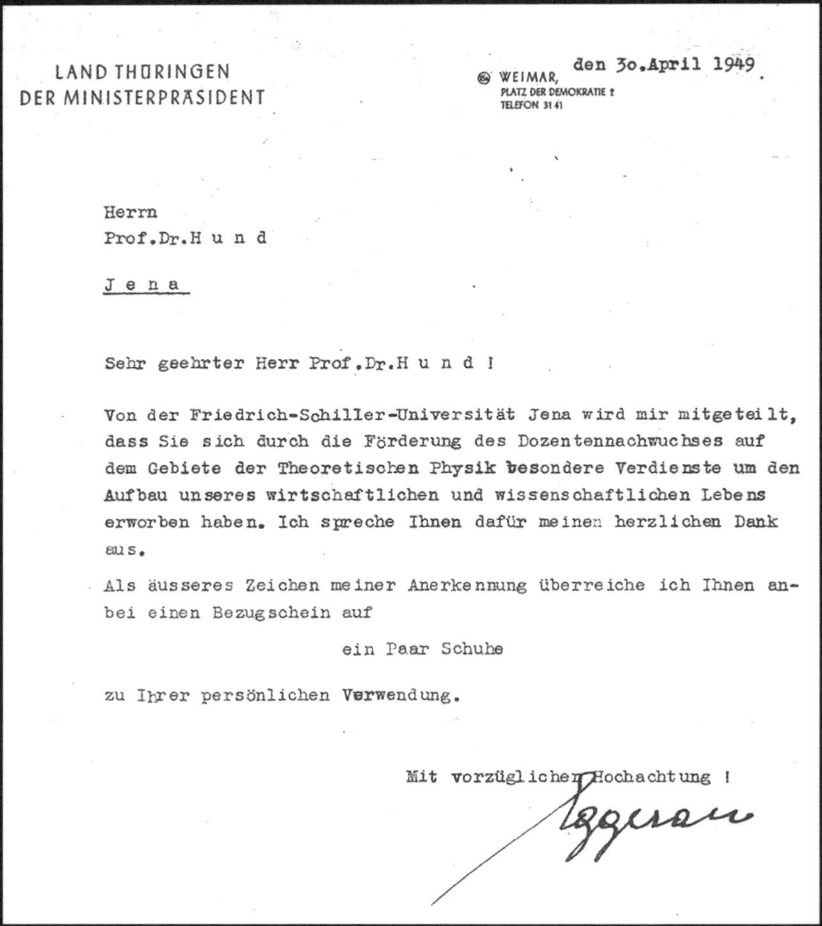

LAND THÜRINGEN
DER MINISTERPRÄSIDENT

WEIMAR, den 3o.April 1949.
PLATZ DER DEMOKRATIE 2
TELEFON 31 41

Herrn
Prof.Dr.H u n d

J e n a

Sehr geehrter Herr Prof.Dr.H u n d !

Von der Friedrich-Schiller-Universität Jena wird mir mitgeteilt, dass Sie sich durch die Förderung des Dozentennachwuchses auf dem Gebiete der Theoretischen Physik besondere Verdienste um den Aufbau unseres wirtschaftlichen und wissenschaftlichen Lebens erworben haben. Ich spreche Ihnen dafür meinen herzlichen Dank aus.

Als äusseres Zeichen meiner Anerkennung überreiche ich Ihnen anbei einen Bezugschein auf

ein Paar Schuhe

zu Ihrer persönlichen Verwendung.

Mit vorzüglicher Hochachtung !

Eggerath

**Abb. 2.9.** Schreiben des Ministerpräsidenten Werner Eggerath an Friedrich Hund vom 30. April 1949 mit Übersendung eines Gutscheins für ein Paar Schuhe.

Mein Vater war laut meinen Unterlagen Rektor vom 6. Februar bis 29. Oktober 1948. Das wären neun Monate, allerdings war er anfangs nur kommissarisch im Amt.

Wir Kinder bekamen davon wenig mit – eher privater Natur. Zu seinem Rücktritt hat er uns allerdings etwas erzählt: Er wurde zur Ministerin Torhorst zitiert – ob das Ende Oktober oder Anfang November war, weiß ich nicht genau. Meine Unterlagen nennen Anfang November, aber das passt nicht ganz zum Rücktrittsdatum.

Im Gespräch bemerkte mein Vater, dass die Ministerin zögerte. Sie wollte ihm offenbar klar machen, dass er zurücktreten sollte – konnte ihn aber nicht entlassen, denn sie hatte keinen offiziellen Grund. Als er das durchschaute, sagte er zu ihr: Wäre es hilfreich für Sie, wenn ich zurücktrete? Da atmete sie sichtlich erleichtert auf. Und so ist er zurückgetreten. Die Ministerin musste keinen Grund mehr suchen.

Während seiner Amtszeit fiel einigen hohen russischen Besuchern auf, dass er große Löcher in den Schuhsohlen hatte. Für einen Rektor war das natürlich unpassend. Die Russen informierten den Ministerpräsidenten von Thüringen, der ihm darauf ein Schreiben schickte. Darin hieß es (**Abb. 2.9.**):

> „Als äußeres Zeichen meiner Anerkennung überreiche ich Ihnen anbei einen Bezugsschein auf ein Paar Schuhe zu Ihrer persönlichen Verwendung."

Er konnte den Gutschein nicht einfach geschenkt bekommen, sonst hätten viele Jenaer gefragt: Warum der Hund und ich nicht? So aber konnte man antworten: Haben Sie wissenschaftliche Leistungen erbracht? Deshalb musste dieser Satz im Schreiben stehen. Es gab damals einfach nichts zu kaufen, aber ein Rektor konnte nicht mit durchgelatschten Sohlen herumlaufen.

Das Original des Schreibens liegt in Göttingen, ich habe eine Kopie. Nach seinem Rücktritt bekam er den Schuhgutschein. Im Sommer 1949 wurde ihm der Nationalpreis verliehen – allerdings noch nicht der „Nationalpreis der DDR", denn die DDR wurde erst im Herbst 1949 gegründet. Er erhielt also den deutschen Nationalpreis mit Unterschrift von Wilhelm Pieck (**Abb. 2.10.**).

Jetzt zu einigen Erlebnissen mit den Russen. Sie waren im Grunde kinderlieb. Manche hatten damals Angst vor ihnen. Mein Vater unternahm sonntags oft Wanderungen mit uns fünf Kindern. Eines Sonntags geriet er dabei versehentlich in ein russisches Sperrgebiet. Da kamen die Soldaten mit Maschinenpistolen und fragten: Alles deine Kinder? Als er bejahte, sagten sie: In die Richtung kannst du weitermarschieren. Sie ließen uns weiterziehen.

Ein anderes Mal klingelten zwei Russen bei uns zu Hause. Der eine sagte zu meiner Mutter, er wolle einen Hund kaufen – man habe ihm erzählt, wir hätten Hunde in allen Größen. Der zweite stand lachend am Gartenzaun, er hatte offenbar unser Namensschild gelesen. Die beiden waren hereingelegt worden, ein Scherz unter Soldaten. Es war keine böse Absicht.

Der Sonntag gehörte der Familie. Von Montag bis Samstag arbeitete mein Vater immer. Am Sonntag ging er mit uns wandern, aber das waren keine gewöhnlichen Spaziergänge. Es war Unterricht: in Physik, Biologie, Pflanzenkunde. Er hatte stets den Schmeil-Fitschen[6] dabei, damit konnten wir Pflanzen bestimmen, die wir unterwegs gefunden haben. Er erklärte uns auch die Gesteine und deren Eigenschaften – ein praktischer Zugang zur Physik.

Wir Kinder beklagten uns oft, dass wir die 400 Höhenmeter auf den Jenzig steigen mussten, das war sehr anstrengend. Doch mein Vater rechnete uns vor: Für 400 Meter braucht ihr nur so viele Kalorien, wie ein halbes Brötchen enthält. Ob wir dann auch ein halbes Brötchen mehr bekamen, daran erinnere ich mich nicht mehr. Aber es war immer praktischer Unterricht.

Er dachte viel über die Zukunft der Kinder nach. Getränke nahm er auf den Wanderungen nicht mit, sie waren teuer und man wusste damals noch nicht, ob man das Trinkwasser trinken kann. Stattdessen hatte er im Rucksack ein Stück Brot, einen Apfel und eine Gurke. Die Gurke enthielt Wasser, das war dann unser Getränk.

Spielzeug gab es für uns Kinder kaum. Wir hatten nur eines, aber es forderte unser physikalisches Verständnis und regte die Kreativität an: Holzbauklötze. Eine Sorte, aus Leipzig mitgebracht. Damit bauten wir Türme, Häuser, Ratterbahnen. Da lernten wir: Die Statik muss stimmen,

**Abb. 2.10.** Deutscher Nationalpreis 1949, verliehen am 25. August 1949 vom Präsidium des Deutschen Volksrates in Berlin an Friedrich Hund. Unterzeichner der oberen Reihe von oben links nach rechts: Wilhelm Pieck, Otto Nuschke, Hermann Kastner, Lothar Bolz und Ernst Goldenbaum. Untere Reihe: Bruno Leuschner, Johannes Stroux und Paul Wandel.

**Abb. 2.11.** Friedrich Hund präsentierte sein Buch „Physik für Gerhard Hund" auf einem Vortrag am 30. September 2010 in Jena, wovon es nur ein einziges Exemplar weltweit gibt.

die Bewegung auch. So lernten wir spielerisch Physik. Das war unser Spielzeug, das hat er selbst in Leipzig anfertigen lassen. Er wollte also Spielzeug, das uns forderte.

Er schrieb auch ein Buch: „Physik für Gerhard Hund". Es existiert nur in einem einzigen Exemplar (**Abb. 2.11–2.14**).

Auch erneuerbare Energien waren für ihn ein Thema. Schon 1950 sagte mein Vater: Das Öl reicht nur noch 20 Jahre, und es ist viel zu schade, es zu verbrennen. Öl werde gebraucht für Arzneimittel und vieles andere, es sei viel zu wertvoll für den Ofen.

Damals sprach man über Gezeitenkraftwerke, also Anlagen, die Ebbe und Flut zur Stromerzeugung nutzen, ähnlich wie bei Wasserfällen. Auch seine Studenten mussten sich mit dem Thema beschäftigen und hatten einen Aufsatz über erneuerbare Energien zu schreiben.

## Abschied aus Jena – Drei Züge nach Westen

Mir ging es damals wie vielen anderen: Ich konnte nur deshalb ein Studium beginnen, weil ich der Sohn eines Nationalpreisträgers war. Ich war kein Arbeiter- und Bauernkind. Selbst Kinder von Professoren durften in der DDR zu jener Zeit kein Studium beginnen. Mein Vater hatte in Berlin erreicht, dass begabte Schüler zumindest ein Physikstudium aufnehmen konnten.

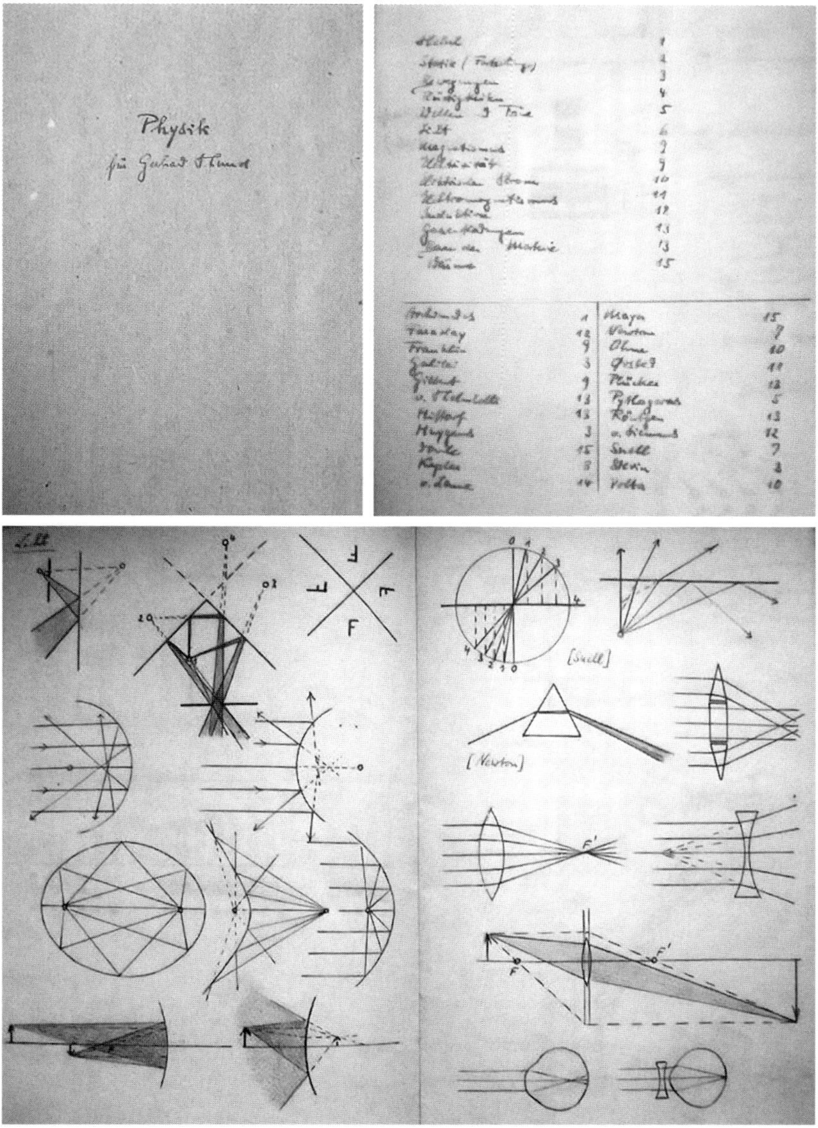


**Abb. 2.12.–2.14.** Auszüge aus dem Buch „Physik für Gerhard Hund“.

Es wurden auch in anderen Fächern Ausnahmen gemacht. Als es 1951/52 zu wenig Mediziner gab, durften plötzlich auch Nicht-Bauernkinder Medizin studieren. Als die Theologen knapp wurden, durften auch Nicht-Arbeiterkinder Pfarrer werden. Aber das waren Einzelfälle. Mein Vater setzte sich gezielt dafür ein, dass bei der Studienzulassung vor allem die Begabung zählen sollte. Was später geschah, nachdem er gegangen war, weiß ich nicht. Es kann gut sein, dass seine Regelung dann wieder abgeschafft wurde.

Zwischen Berlin und Thüringen gab es dabei unterschiedliche Auffassungen: Die Berliner waren eher dafür, die Thüringer dagegen. Aber das kann Professor Walther im vorangegangenen **BEITRAG 1** besser erklären, er besitzt die Unterlagen dazu. Ich weiß nur, was mein Vater mir erzählt hat und was damals in der Zeitung stand.

Was ihn letztlich zum Weggang aus Jena bewog, waren zwei Dinge: die politischen Verhältnisse und die Zukunft seiner Kinder. Anfangs hatte er gehofft, dass sich im Osten ein demokratisches System entwickelt. Demokratie, dachte er, muss doch besser funktionieren als Diktatur. Doch als er merkte, wie stark die politische Einflussnahme zunahm, wuchs seine Enttäuschung. Und die Sorgen um unsere Zukunft wogen schwerer.

Beide Gründe führten zu seiner Entscheidung, Jena zu verlassen und den Ruf nach Frankfurt anzunehmen. Bereits Anfang Januar fragte er an, ob er den Ruf annehmen dürfe – das wurde abgelehnt. Daraufhin stellte er einen Antrag auf unbezahlten Urlaub für ein Semester. Dieser wurde Anfang März 1951 genehmigt.

Er kam dann noch einmal aus Frankfurt zurück nach Jena, um die Ausreise – oder Flucht, wie man es auch nennen kann – vorzubereiten. Niemand in Jena sollte davon erfahren. Auch nicht, dass es sich um Urlaub im Westen handelte. Vielleicht sagte er, wir würden Ferien an der Ostsee machen. In Wahrheit fuhren wir in drei getrennten Zügen nach Ostberlin – ohne Gepäck. Von dort gingen wir zu Fuß weiter nach Westberlin.

Meine Mutter reiste mit den beiden Kleinsten, ich mit meinem Bruder, mein Vater mit meiner Schwester. In drei getrennten Zügen. Niemand durfte etwas merken. Ich hatte mit meiner Mutter abgesprochen, dass ich etwas Geld von unseren Kindersparbüchern abhebe – für den angeblichen Urlaub. Mein Vater durfte das nicht wissen, sonst hätte es Ärger gegeben.

Also trug ich in der einen Hosentasche das Geld und in der anderen meine komplette Briefmarkensammlung. Mehr hatte ich nicht dabei.

In Westberlin trafen wir uns wieder. Meine Mutter hatte große Angst, dass mein Vater nicht auftauchen würde. Was hätte sie mit fünf Kindern allein tun sollen? Doch Gott sei Dank kam er. Er erzählte uns, er habe ganz zufällig in Westberlin einen Kollegen getroffen, der beim amerikanischen Militär arbeitete. Dieser Kollege – angeblich reiner Zufall – habe dann die Flüge nach Frankfurt vermittelt. Das war die Geschichte, die er uns erzählte. Was wirklich geplant war, wissen wir nicht. Öffentlich wurde nichts, bis wir glücklich in Frankfurt gelandet waren.

An den Flug erinnere ich mich noch gut – beim Landeanflug hatte ich furchtbare Ohrenschmerzen. Danach konnte mein Vater Briefe an die zuständigen Dienststellen in der DDR schreiben und offiziell erklären, dass er jetzt im Westen war.

Unser erster nationaler Feiertag war der 1. August 1951 – an diesem Tag kamen wir alle heil in Frankfurt an und feierten diesen Tag fortan jedes Jahr. Von dort schrieb mein Vater an verschiedene DDR-Stellen und teilte ihnen mit, dass er nun im Westen lebte. Die folgende Textbox führt einige charakteristische Schreiben zwischen 1951 und 1958 dazu auf, die im ANHANG 2 zu diesem Beitrag abgedruckt sind.

**Briefwechsel zwischen Friedrich Hund und den verschiedenen Dienststellen der DDR 1951 bis 1958 zur Übersiedlung von Jena nach Frankfurt am Main**

Faksimiles der Briefe sind im ANHANG 2 zu diesem Beitrag abgedruckt.

1. **24.2.1951**
Hund an Staatssekretariat für das Hochschulwesen in der DDR,
über den Herrn Rektor der Friedrich-Schiller-Universität
– Gesuch um Beurlaubung (ohne Gehalt) für die Monate April bis Juli 1951

2. **8.3.1951**
Staatssekretariat für Hochschulwesen, Der Staatssekretär an den Dekan der Math.-Naturw. Fakultät der Universität Jena, über den Herrn Rektor
– Betr.: Beurlaubung des Herrn Prof. Dr. Hund – gez. Prof. Dr. Harig

3. **7.8.1951**
Hund an den Staatssekretär für das Hochschulwesen in der DDR, mit Abschr. an Rektor, Dekan und stellv. Dir. des Theor.-Physik. Instituts Jena

4. **30.1.1952**
Hund an das Staatssekretariat für das Hochschulwesen in der DDR
– Betr.: Meinen Umzug von Jena nach Frankfurt

5. **5.2.1952**
Der Rektor der Friedrich-Schiller-Universität an Hund
– als Antwort auf 4.

6. **3.3.1952**
DDR, Staatssekretariat für Hochschulwesen, Der Staatssekretär an den Rektor der Friedrich-Schiller-Universität Jena.
– Antwort auf das Schreiben des Rektors vom 7.2.1952, gez. Pätsch.

7. **10.3.1952**
Der Rektor der Friedrich-Schiller-Universität an Hund
– Abschrift eines Schreibens des Staatssekretariats in der Angelegenheit der Überführung Ihrer Möbel.
– beantwortet am 24.3.1952

8. **3.3.1958**
Hund an den Herrn Staatssekretär für das Hochschulwesen in der DDR
– ausführlicher Brief zur Problematik der Einreise in die DDR, als Mitglied der Deutschen Akademie der Wissenschaften.

9. **25.4.1958**
Regierung der DDR, Der Staatssekretär an Hund
– ausführliche Antwort zu 8., gez. Dr. Girnus, Staatssekretär.

10. **8.5.1958**
Hund an den Herrn Staatssekretär für das Hochschulwesen in der DDR
– Antwort zu 9. betreffend das in der DDR verbliebene Vermögen.

11. **9.6.1958**
Regierung der DDR, Staatssekretariat für Hochschulwesen an Hund
– Antwort zu 10. zwecks Klärung der offenen Fragen, gez. Rudolph.

12. **16.6.1958**
Hund an das Staatssekretariat für Hochschulwesen in der DDR
– Antwort zu 11.

Der anschließende Briefwechsel mit der DDR zog sich bis 1958 hin. Es ging um die Möbel, die er fast vollständig zurückgelassen hatte, um die Mitgliedschaft in der Akademie der Wissenschaften, die Einreise in die DDR – und um das in der DDR verbliebene Vermögen. Wir hatten ja fast nichts mitgenommen. Und der ganze Briefwechsel zog sich dann noch über sieben Jahre. Mindestens, also länger, als er in Jena lebte. Das waren die Nachwehen der Jenaer Zeit.

Die Möbelüberführung genehmigten die sowjetischen Behörden erst nach einiger Zeit. Professor Weber half meiner Tante beim Umzug. Ein zweites Problem: Mein Vater war weiterhin Mitglied der Akademie, erhielt Einladungen und Preise, musste sich aber bei jeder Einladung absichern, dass er nicht verhaftet würde und auch wieder ausreisen konnte.

Deshalb wandte er sich ausführlich an den Staatssekretär und schilderte in einem langen Schreiben offen seine Ausreise. Die Antwort: Weil er so ehrlich sei, werde ihm die Einreise erlaubt – ebenso die Rückkehr. Mit diesem Brief in der Tasche konnte er sich bei Grenzkontrollen sicher fühlen.

Dann ging es noch um sein Vermögen: um den Nationalpreis – 50.000 Ostmark –, der auf seinem Konto eingefroren war. Aber er erreichte in Berlin, dass er bei Akademieaufenthalten in der DDR einen Teil davon abheben durfte. Zudem konnte seine Schwester, meine Patentante, jeden Monat einen kleinen Betrag abheben. Sie lebte von einer sehr kleinen Rente.

Das Geld wurde ihm also nicht weggenommen, aber er durfte es nur in der DDR nutzen – für sich und seine Schwester. Schließlich ging es auch noch um das Haus. Es wurde enteignet und kurz vor der Wende zu einem geringen Preis an den damaligen Mieter verkauft. Doch das war ihm gleichgültig. Wenn doch noch etwas Geld herauskäme, wolle er es spenden – etwa an die Akademie. Rückforderungen interessierten ihn nicht mehr.

Ich habe nur einen Teil der Briefe mitgebracht. Insgesamt gibt es rund 366 Dokumente – Tagebücher, Briefe, handschriftliche Aufzeichnungen. Sie liegen heute in Göttingen. Man kann sie jetzt, zehn Jahre nach seinem Tod, dort einsehen. Früher war das nicht möglich; man muss abwarten, bis zehn Jahre nach dem Tod der Person verstrichen sind.

## Rückblick und Vermächtnis – Göttingen als Heimat

Als mein Vater schließlich in Frankfurt angekommen war, erhielt er erneut einen Ruf nach Göttingen. Seinen 70. Geburtstag feierte er dort, in seiner alten Wirkungsstätte (**Abb. 2.15.**).

**Abb. 2.15.** Auf Friedrich Hunds großer Geburtstagsfeier zum 70. in Göttingen, im Februar 1966: Links Friedrich Hund, neben Werner Heisenberg, und rechts dessen Lehrer Max Born.

**Abb. 2.16.** Bild aus Helmut Rechenbergs Videointerview „Quantenmechanik im Aufbruch – Friedrich Hund berichtet aus seinem Leben", 1988 in Göttingen.

Zum Abschluss möchte ich Ihnen noch ein kurzes Stück aus einem Film zeigen, nämlich das Ende eines Interviews, das Helmut Rechenberg 1988 mit meinem Vater in Göttingen geführt hatte (**Abb. 2.16.**).[7]

HELMUT RECHENBERG: Herr Professor Hund, wenn Sie als Historiker auf Ihr Lebenswerk zurückschauen, was würden Sie uns da zusammenfassend sagen?

FRIEDRICH HUND: Ich gelte ja wohl als einer der Überlebenden aus einer großen Zeit der Physik. Das ist natürlich kein Verdienst. Ich darf nicht vergessen und vergesse es auch nicht, dass der Erste Weltkrieg viele Altersgenossen, unbekannte, aber vielleicht begabtere, verschlungen hat. Mein Jahrgang ist dadurch selten geworden. Auch wäre ich wohl nie Professor in Göttingen geworden, wenn nicht jetzt Bekannte, Begabtere 1933 aus Deutschland verjagt worden wären.

Aber sehen wir vom politischen Erleben im Kaiserreich, Erstem Krieg, Weimarer Republik, Nationalsozialismus, Zweitem Krieg, DDR ab, so möchte ich zunächst mein Leben mal in drei ungefähr gleich lange Abschnitte einteilen: Erster Abschnitt, das Hineinwachsen in die Physik, gipfelnd in Göttingen beim Miterleben der Quantenmechanik. Als ich wegging, war ich 31 Jahre alt.

Dann kamen 30 Jahre Abwesenheit von Göttingen, die verschiedenen Stellen habe ich ja geschildert. Und jetzt bin ich wieder fast 32 Jahre in Göttingen. Göttingen ist der Mittelpunkt und die Heimat meines Lebens.

> Ich bin auch im richtigen Jahr geboren, denn 25 Jahre später bot die Physik lockende Aufgaben. Man konnte irgendein Problem angreifen, wenn man nur die Quantenmechanik oder die Quantentheorie in ihrer vorläufigen Form oder nach einer Form der Quantenmechanik verstanden hatte, dann kam auch irgendwas dabei heraus. Das war nicht schwer. Heute ist es viel schwerer, Physik zu treiben. Die Linie meiner physikalischen Entwicklung: einfache Probleme der Elektronen im Atom, in der Molekel, im festen Körper. Heute sind die Probleme komplex geworden: der Versuch, das Ganze der begrifflich fassbaren Physik wenigstens in ihren Grundzügen noch zu verstehen.
>
> Vieles bin ich anderen schuldig: Niels Bohr, Max Born, James Franck, Werner Heisenberg, Robert Mulliken, Bartel van der Waerden, Karl-Friedrich Bonhoeffer.

Das war sein Leben aus Sicht der Kinder und aufgrund originaler Dokumente.

## Anhang 1:

## Aufzeichnungen vom 25. und 26. Juni 1945 über die Verlagerung naturwissenschaftlicher Institute der Universität Leipzig

**Abb. 2.17.–2.22. (folgende Seiten)**
Handschriftliches Protokoll von Friedrich Hund im Juni 1945 mit Transkript.

Aufzeichnung am 25.6.45 über die Verlagerung naturwissenschaftlicher Institute der Univ. Leipzig.

Am Fr 22.6. ziemlich früh ruft mich Hein an: „Wir müssen uns in wichtiger Sache in der Stadt treffen". 9¼ Uhr auf der Albertstraße erzählt mir Hein, einige Forscher der Jenaer Universität, darunter er u. Bredereck, würden von den Amerikanern westwärts verlegt, er sei deshalb auf 10h zum CIC bestellt. Kautsky sei aber jetzt schon beim CIC, wohl in ähnlicher Angelegenheit; es sei streng vertraulich. Wir warteten vor dem Polizeipräsidium, Hein musste dann hinein, ich wartete noch eine Weile, ging dann aber weg. Aus den Andeutungen konnte ich noch ~~[illegible]~~ wenig entnehmen; handelte es sich nur um Chemie oder [illegible] mehr?

Ein späterer Anruf bei Frau Kautsky ergab, dass K. noch nicht zurück war; erst 13h konnte ich mit Kautsky u. Hein sprechen. Ich erfuhr: Weickmann, Scheumann, Helferich, Kautsky, Thomas u.a. sollen morgen früh 8h abfahren mit einigen Mitarbeitern, es sei ziemlich Zwang, vielleicht unbedingt Zwang u. eilig. Ich sei wohl nur versehentlich nicht zu der Besprechung geladen worden. Der Rektor sei unterrichtet.

Nachdem ich meiner Frau das Nötigste gesagt hatte, musste ich versuchen, zu einer Entschließung über mein Verhalten zu kommen, was sehr schwer schien. Um 15h wurde ich von der Kriminalpolizei aufgefordert, sofort zum CIC, Zimmer 216 zu kommen. Dort wurde mir eröffnet, ich sollte mich auf eine Reise vorbereiten, Familie könne mit, auch Sohn Gerhard würde aus Naumburg mitgenommen, etwas persönliches Gepäck u. Forschungsmittel seien erlaubt. Auf den ~~Einwand~~ Einwand, dass ich wohl mich zunächst noch entscheiden müsste, ob ich von dem Angebot Gebrauch machen wollte, sagte man mir[1]: „Es ist in Ihrem Interesse, es ist eilig – Sie können sich denken, warum – und Sie müssen." – „Es ist also Zwang?" – „Sie müssen!" – Wie wollen Sie den Zwang ausüben?" – „Dazu haben wir die Mittel." – „Wollen Sie mich u. meine Familie mit der Maschinenpistole zwingen, morgen früh in das Auto zu steigen?" – „Nicht gerade genau so, aber Sie müssen" – Ich könnte ja morgen von Leipzig abwesend sein" – „Wir würden Sie rasch aufspüren" – Mir wurde dann noch die Liste meiner

1) Sinn u. Ton der Unterhaltung, wenn auch nicht jedes einzelne Wort, kann ich verbürgen.

Mitarbeiter vorgelegt: Müller, Fischer, Tuchel, Sommer, I. u. W. Hartmann; einige vom Labor. Kroebel & Pasler ließ ich streichen. Ich hätte die Mitarbeiter zu benachrichtigen. Da ich das nur zum Teil konnte, wollte es die Polizei übernehmen (ich gab später telephonisch die Adressen). – Also morgen 8 Uhr seid Sie reisefertig!" – Dietsch traf ich noch; wir unterhielten uns auf dem Weg zur Straßenbahn über den Zwang, die Verschickung in die Sklaverei, als was wir die Sache ansehen mußten trotz der mündlichen Versprechung von guter Behandlung, Sorge für Wohnung, Kleidung, Entschädigung.

Zuhause angekommen, mußte ich den Rektor benachrichtigen, weiter Müller, mit Weickmann Fühlung nehmen. Ich konnte noch keinen Entschluß fassen. Eine sittliche Verpflichtung, in Leipzig zu bleiben, hatte ich wohl nicht. Unwürdig war die Art der Verlegung. Aber vielleicht hatte ich bei der mathem.-naturw. Abteilung unserer Universität zu bleiben, die ja in ihren wichtigen Gliedern verlegt wurde. Weickmann hielt die Abreise für absoluten Zwang & ging sehr ungern; Schmitthenner war erst nicht aufgefordert, hatte sich aber dann als Dekan eingeschaltet, kam dabei auf die Liste & hielt sich jetzt für gebunden. Mich riefen noch an: Hentschel, den Schennmann genannt hatte & der vielleicht jetzt gezwungen war; Fischer, der die Polizei benachrichtigt hatte & die Mitfahrt als vom Institut gefordert ^x^ geschildert hatte. – Hier erwies es sich als sehr unglücklich, daß ich bei der Besprechung vormittags nicht dabei war. Vielleicht hätte ich doch die Möglichkeit gehabt, auf die Mitarbeiter zu verzichten, die hier bleiben wollten.

Erst später am Abend kam ich dazu, ins Physikal. Institut zu gehen, um Döpel & Pasler zu sprechen. Döpel war abwesend, aber von der Polizei benachrichtigt, Pasler war nicht aufgefordert. Nach der notwendigen Unterrichtung ging ich ins Physikal.-Chem. Institut (das ich bei Bonhoeffers Abwesenheit stellvertretend leitete), traf dort Schmiedel mit einem Amerikaner, der gerade die Aufforderung zur Bereithaltung überbrachte. Ich unterhielt mich auch mit diesem Amerikaner über den „Zwang". Rasch fuhr ich noch zu W. Hartmann, den ich in der Nachbarschaft seiner Wohnung noch suchen mußte & kam genau zum „Curfew" nach Hause.

[S. 1] Aufzeichnung am 25.6.45 über die Verlagerung naturwissenschaftlicher Institute der Univ. Leipzig

Am Fr 22.6. ziemlich früh ruft mich Hein an: „wir müssen uns in wichtiger Sache in der Stadt treffen“. 9¼ Uhr auf der Albertstraße erzählt mir Hein, einige Forscher der Jenaer Universität, darunter u. a. Bredereck, würden von den Amerikanern westwärts verlagert, er sei deshalb auf $10^{h}$ zum CiC bestellt Kautsky sei aber jetzt schon beim CiC, wohl in ähnlicher Angelegenheit; es sei streng vertraulich. Wir warteten vor dem Polizeipräsidium, Hein musste dann hinein, ich wartete noch eine Weile; ging dann aber weg. Aus den Andeutungen konnte ich noch wenig entnehmen; handelte es sich um Chemie oder drohte mehr?

Ein späterer Anruf bei Frau Kautsky ergab, dass K. noch nicht zurück war; erst $13^{h}$ konnte ich mit Kautsky und Hein sprechen. Ich erfuhr: Weickmann, Scheumann, Helferich, Kautsky, Thomas u. a. sollten morgen früh $8^{h}$ abfahren mit einigen Mitarbeitern, es sei ziemlich Zwang, vielleicht unbedingt Zwang und eilig. Ich sei wohl versehentlich nicht zu der Besprechung gebeten worden. Der Rektor sei unterrichtet.

Nachdem ich meiner Frau das Nötigste gesagt hatte, musste ich versuchen, zu einer Entschließung über mein Verhalten zu kommen, was sehr schwer schien. Um $15^{h}$ wurde ich von der Kriminalpolizei aufgefordert, sofort zum CIC, Zimmer 21b zu kommen. Dort wurde mir eröffnet, ich sollte mich auf eine Reise vorbereiten, Familie könnte mit, auch Sohn Gerhard würde aus Naumburg mitgenommen, etwas persönliches Gepäck und Forschungsmittel seien erlaubt. Auf den Einwand, dass ich wohl mich zunächst noch entscheiden müsste, ob ich von dem Angebot Gebrauch machen wollte, sagte man mir:[1] „Es ist in Ihrem Interesse, es ist eilig. Sie können sich denken warum – und Sie müssen.“ – „Es ist also Zwang?“ – „Sie müssen!“- „Wie wollen Sie denn Zwang ausüben?“ – „Dazu haben wir die Mittel?“ – „Wollen Sie mich und meine Familie mit der Maschinenpistole zwingen, morgen früh in das Auto zu steigen?“- „Nicht gerade genau so, aber Sie müssen.“ – „Ich könnte ja morgen von Leipzig abwesend sein“ – „Wir würden Sie rasch auffinden.“ – Mir wurde dann

1 Sinn und Ton der Unterhaltung, wenn auch nicht jedes einzelne Wort, kann ich verbürgen.

noch die Liste meiner [S. 2] Mitarbeiter vorgelegt: Müller, Fischer, Teucher, Sommer, J. und W. Hartmann; einige vom Labor. Karolus und Paschen ließ ich streichen. Ich hätte die Mitarbeiter zu benachrichtigen. Da ich das nur zum Teil konnte, wollte es die Polizei übernehmen (ich gab später telephonisch die Adressen). – „Also morgen $8^h$ Uhr sind Sie reisefertig!" – Dietzel traf ich noch; wir unterhielten uns auf dem Weg zur Straßenbahn über den Zwang, die Verschickung in die Sklaverei, als was wir die Sache ansehen mussten trotz der mündlichen Versprechung von guter Behandlung, Sorge für Wohnung, Kleidung, Entschädigung.

Zuhause angekommen, musste ich den Rektor benachrichtigen, weiter Müller, mit Weickmann Fühlung nehmen. Ich konnte noch keine Entscheidung fassen. Eine sittliche Verpflichtung, in Leipzig zu bleiben, hatte ich wohl nicht. Unwürdig war die Art der Verlagerung. Aber vielleicht hatte ich bei der mathem.-natw. Abteilung unserer Universität zu bleiben, die ja in ihren wichtigen Gliedern verlegt wurde. Weickmann hielt die Abreise für absoluten Zwang und ging sehr ungern; Schmitthenner war erst nicht aufgefordert, hatte sich aber dann als Dekan eingeschaltet, kam dabei auf die Liste und hielt sich jetzt für gebunden. Mich riefen noch an: Hentschel, den Scheumann genannt hatte und der vielleicht jetzt gezwungen war; Fischer, den die Polizei benachrichtigt hatte und die Mitfahrt als vom Institut gefordert geschildert hatte. – Hier erwies es sich als sehr unglücklich, dass ich bei der Besprechung vormittags nicht dabei war; vielleicht hätte ich doch die Möglichkeit gehabt, auf die Mitarbeiter zu verzichten, die hier bleiben wollten.

Erst später am Abend kam ich dazu, ins Physikal. Institut zu gehen, um Döpel und Paschen zu sprechen. Döpel war abends aber von der Polizei benachrichtigt [worden], Paschen war nicht aufgefordert. Nach der notwendigen Unterrichtung ging ich ins Physikal.-Chem. Institut (das ich bei Bonhoeffers Abwesenheit stellvertretend leitete), traf dort Schädlich mit einem Amerikaner, der gerade die Aufforderung zur Bereithaltung überbrachte. Ich unterhielt mich auch mit diesem Amerikaner über den „Zwang". Rasch fuhr ich noch zu W. Hartmann, den ich in der Nachbarschaft seiner Wohnung noch suchen musste. Ich kam genau zum „Curfew" nach Hause.

Die Nacht verging mit Packen, Unterredungen mit den Kollegen: Weickmann, Schmitthenner, Müller, auch Bellken und dem Suchen nach klarer Stellung. Ergebnis: Einem starken Druck nachgeben ist unwürdig. Ich würde mich innerlich freier fühlen, wenn ich gezwungen niedrigere Arbeit tun müsste als wenn ich 1/4 freiwillig meinen Arbeitskreis u. die Universität Leipzig in Eile u. ohne Prüfungsmöglichkeit verlassen würde. Auch als Prorektor habe ich auf die Würde der Universität zu achten. Gegen morgen war das klar; ich legte mich kurze Zeit zu Bett, setzte die Institutsangehörigen von meinem Entschluss, nach Möglichkeit hier zu bleiben, in Kenntnis und verliess bald nach 7 Uhr das Haus.

In Blochwitz' Haus wurde ich etwa 10 Uhr angerufen, dass Frau u. Kinder abgeholt worden sind. Nachmittags bei Dedo Müller erfuhr ich von ihrer Rückkehr nach Hause. – Sie waren in einem Lastauto mit Gittern, das F. Hartmann abholen sollte, aber nur Frau u. Kind fand u. mitnahm, das auch Fischer abholen sollte u. nicht fand, auf den Reichsgerichtsplatz gefahren worden. Dort blieben sie lange stehen, ohne wesentliche Bewachung. Meine Frau machte geltend, dass, da ihr Mann nicht dabei sei, es keinen Sinn hätte, wenn sie fortgefahren würde. Schliesslich schien sie Zustimmung zu finden, lud allmählich Gepäck u. Kinder ab, verkrümelte sich nach und nach u. brachte die ganze Last mit der Strassenbahn nach Hause.

Am Sonntag (24.6) gegen 10h wurde Fischers Frau aufgetragen, ihren Mann herbeizuschaffen; 15h hätten sie abzufahren; wenn der Mann nicht da sei, würde sie mit den Kindern allein fahren; es sei absoluter Zwang. Fischers entzogen sich dem. Daraufhin trafen sich meine Frau u. ich, verabredeten, bei dem Entschluss zu bleiben, gegen den Zwang. Wir beschlossen, Frau u. Kinder sollten vor 15h das Haus verlassen. Inzwischen war amerikan. Polizei in unserem Hause gewesen: „Wo ich sei?" – „Unbekannt" – „Wo Frau Professor sei" – „von der Polizei weggefahren".

Ich besprach mich mit Litt[1] u. Gadamer. Früh hatte ich schon mit Bornkamm besprochen. Bei Gadamer erfuhr ich,

[1] Dabei lustiges Treffen mit Penham

dass der Rektor Protest eingelegt hat bei Eaton, dass Eaton daraufhin beim Rektor Besuch machte u. seine Missbilligung ausdrückte. – Heinz soll sich der Mitnahme entzogen haben.

Am Montag (25.6) etwa 10h wurde unsere Hausgehilfin von der amerikan. Polizei aufgesucht: wo ich wäre? Wenn die Sache nicht in zwei Stunden bereinigt wäre, würde sie verhaftet. Dies geschah auch.

Ich suchte nun das Rektorat auf, wartete bis 12h auf den Rektor u. besprach mit ihm die Sache. Ich erfuhr, dass die abtransportierten Kollegen noch lange in Wiederitzsch gehalten wurden, dass auch v. Braun (vielleicht freiwillig) mit sei, auch Stracke. Das Gerücht, dass Apparate aus dem Institut abtransportiert würden, hat sich weiter nicht bestätigt. Auf der Straße traf ich Fischer, der vormittag im Institut gewesen war. W. Hartmann sei nochmal vom amerikan. Auto gebracht worden, um Werkzeug zu holen (daher vielleicht das Gerücht von der Ausräumung des Instituts).

Nach der Abholung der Hausgehilfin musste ich nochmal mit meiner Frau die Lage besprechen, da ja jetzt andere für mich zu leiden hatten. Wir mussten dafür sorgen, dass, wenn das weiterging, ich es erführe. Denn dann musste ich wohl mich stellen. Ich besprach das mit Dekan Müller u. bat Litt gegebenenfalls um Vermittlung meiner offenen Stellung.

Ich will auch dann bei der Weigerung bleiben. Es ist für die Universität unwürdig, wenn ihre Professoren wie Maschinenteile ausgewechselt würden. Etwas anderes wäre es gewesen, wenn die Amerikaner mir ein von einem mir bekannten Forscher ausgehendes schriftliches Angebot gemacht hätten u. ich es hätte bedenken können.

[S. 3] Die Nacht verging mit Packen, Unterredungen mit den Kollegen: Weickmann, Schmitthenner, Müller, auch Beenken und der Suche nach klarer Stellung. Ergebnis: Einem starken Druck nachgeben ist unwürdig. Ich würde mich innerlich freier fühlen, wenn ich gezwungen richtige Arbeit tun müsste als wenn ich ¼ freiwillig meinen Arbeitskreis und die Universität Leipzig in Eile und die Prüfungsmöglichkeit verlassen würde. Auch als Prorektor habe ich auf die Würde der Universität zu achten. Gegen Morgen war das klar; ich legte mich kurze Zeit zu Bett, setzte die Institutsangehörigen von meinem Entschluss, nach Möglichkeit hier zu bleiben, in Kenntnis und verließ bald nach 7 Uhr das Haus.

In Blochwitz' Haus wurde ich etwa 10 Uhr angerufen, dass Frau und Kinder abgeholt worden sind. Nachmittags bei Dekan Müller erfuhr ich von ihrer Rückkehr nach Hause. – Sie waren in einem Lastauto mit Sitzen, das J. Hartmann abholen sollte, aber nur Frau und Kind fand und mitnahm, das auch Fischer abholen sollte und nicht fand, auf den Reichsgerichtsplatz gefahren worden. Dort blieben sie lange stehen, ohne wesentliche Bewachung. Meine Frau machte geltend, dass, da ihr Mann nicht dabei sei, es keinen Sinn hätte, wenn sie festgehalten würde. Schließlich schien sie Zustimmung zu finden, lud allmählich Gepäck und Kinder ab, verkrümelte sich nach und nach und brachte die ganze Last mit der Straßenbahn nach Hause.

Am Sonntag (24.6.) gegen $10^h$ wurde Fischers Frau aufgetragen, ihren Mann herzuschaffen; $15^h$ hätten sie abzufahren; wenn der Mann nicht da sei, würden sie mit den Kindern allein fahren; es sei absoluter Zwang. Fischers entzogen sich dem. Darauf trafen sich meine Frau und ich, verabredeten, bei dem Entschluss zu bleiben, gingen zu Gadamer. Wie beschlossen, Frau und Kinder sollten vor $15^h$ das Haus verlassen. Inzwischen war amerikanische Polizei im Hause gewesen: „Wo ich sei?" –„Unbekannt" – „Wo Frau Professor sei" – „von der Polizei weggefahren".

Ich besprach mich mit Litt[2] und Gadamer. Früh hatte ich schon mit Bornkamm gesprochen. Bei Gadamer erfuhr ich, [S. 4] dass der Rektor Protest eingelegt hat bei Eaton, dass Eaton daraufhin beim Rektor Besuch machte und seine Missbilligung ausdrückte. – Hund soll sich der Mitnahme entzogen haben.

2 Dabei lustiges Treffen mit Penham.

Am Montag (25.6.) etwa $10^h$ wurde unsere Hausgehilfin von der amerikan. Polizei aufgesucht; wo ich wäre? Wenn die Sache nicht in zwei Stunden bereinigt wäre, würde sie verhaftet. Dies geschah auch.

Ich suchte nun das Prorektorat auf, wartete bis $12^h$ auf den Rektor und besprach mit ihm die Sache. Ich erfuhr, dass die abtransportierten Kollegen noch lange in Wiederitzsch gehalten wurden, dass auch v. Brunn (vielleicht freiwillig) mit sei, auch Stracke. Das Gerücht, dass Apparate aus dem Institut abtransportiert würden, hatte sich nachdem nicht bestätigt. Auf der Straße traf ich Fischer, der waghalsig im Institut gewesen war. W. Hartmann sei nochmal von amerikan. Auto gebracht worden, um Werkzeug zu holen (daher vielleicht das Gerücht von der Ausräumung des Instituts).

Nach der Abholung der Hausgehilfin musste ich nochmal mit meiner Frau die Lage besprechen, da ja jetzt andere für mich zu leiden hatten. Wir mussten dafür sorgen, dass, wenn das weiterging, ich es erführe. Denn dann müsste ich wohl mich stellen. Ich besprach das mit Dekan Müller und bat Litt gegebenenfalls um Vermittlung meiner offenen Stellung.

Ich will auch dann bei der Weigerung bleiben. Es ist für die Universität unwürdig, wenn ihre Professoren wie Maschinenteile ausgewechselt würden. Etwas anderes wäre es gewesen, wenn die Amerikaner mir ein von einem mir bekannten Forscher ausgehendes schriftliches Angebot gemacht hätten und ich es hätte bedenken können.

[S. 5] Ergänzung am 26.6.45

Heute, am Dienstag, vor dem Notar Vollmachten erteilt; Herrn H. Hassel bevollmächtigt, die zur Drucklegung meiner theoret. Physik nötigen Dinge auszuführen. – Bornkamm berichtete über die Nachrichten, die er von der Verlagerung in Jena, Bitterfeld und Halle hatte. Es sei dort Zwang, gegen die, die sich weigern, würde Haftbefehl erlassen.

Dies bestärkt den Eindruck, als sei das Ganze eben genau die Auslieferung der kriegswichtigen Erfindungen und „Erfinder". Dann wohl für mich wirklich Zwang. Ich mache dann folgenden Plan: Zu einem Zeitpunkt X, der noch zu bestimmen ist, fragt der Rektor schriftlich oder persönlich beim CIC an, ob die Nichtgefolgten jetzt unbehelligt hier bleiben können. Bisher sei nicht klar, ob bloß ein Angebot, eine starke Nötigung oder ein Zwang vorläge. Wenn erklärt wird, dass Zwang besteht,

Ergänzg. am 26.6.45

Heute, am Dienstag, vor dem Notar Vollmachten erteilt; weiter Herrn H. Hessel bevollmächtigt, die zur Drucklegung meiner theoret. Physik nötigen Dinge auszuführen. – Bornkamm berichtete über die 3 Nachrichten, die er von der Verlegung in Jena, Bitterfeld u. Halle hatte. Es sei dort Zwang, gegen die, die sich weigern, würde Haftbefehl erlassen.

Dies bestärkt den Eindruck, als sei das Ganze eben genau die Auslieferung der kriegswichtigen Erfindungen u. „Erfinder". Dann wohl für mich wirklich Zwang. Ich mache daraus folgenden Plan: Zu einem Zeitpunkt X, der noch zu bestimmen ist, fragt der Rektor schriftlich oder persönlich beim CIC an, ob die Nichtgefolgten jetzt unbehelligt hier bleiben können. Bisher sei nicht klar, ob bloß ein Angebot, eine starke Nötigung oder ein Zwang vorläge. Wenn erklärt wird, dass Zwang besteht, muss der Rechtsgrund festgestellt werden (Befugnis des CIC, jeden zu verschicken, Kapitulationsbeding[un]g). Der Rektor bittet, dass auch die Nachzügler Familie, wissenschaftliche Hilfsmittel u. angemessenen Hausrat mitnehmen dürfen.

Ein (nachher ganz harmloser) Zufall beim Telephonieren ließ mich an die Möglichkeit denken, dass die anrufende Stelle vom Geheimdienst festgestellt sei. Ich fuhr darum rasch zum Rektor, nahm noch Beylich als Zeugen zum Haus des Rektors mit u. besprach mit dem Rektor den oben genannten Plan. Der Rektor erzählte, dass er wegen neuer Gerüchte über Verlegung von Geisteswissenschaften u. Medizin in Zimmer 216 gewesen sei, dort wurde er beruhigt. Meinetwegen wurde er nicht angesprochen. Die Kollegen seien vielleicht immer noch in Wiederitzsch. Vielleicht verliefe meine Angelegenheit einfach im Sande. Der Augenblick X sei wohl noch nicht gekommen.

Bei meiner Frau bekam ich schnell noch Abendbrot u. ging dann in mein friedliches Quartier. Es ist so abgeschieden vom Verkehr u. verborgen gelegen, dass ich ins Gefühl komme, die Angelegenheit zu ruhig zu beurteilen.

27.6.45

Es scheint nichts zu geschehen. Bei meiner Frau gewesen, Frl. Kirk gebeten sich nach unserer Hausgehilfin zu erkundigen. Bei Bornkamm zu Mittag u. Kaffee. Nachdem sich gestern das Gerücht verdichtete, die Amerikaner zögen doch bald ab, ist heute nichts zu merken.

Frl. Inge (die Hausgehilfin) ist wieder zu Haus. Man hatte sie eine Nacht im Gefängnis gehalten „Du frei, wenn Prof. Hund hier". Am anderen Tag wurde sie verhört, aber nur gefragt, wo ich sei, ob ich am Familientisch über die Sache gesprochen hätte.x) – Vielleicht ist die Sache schon im Sande verlaufen.

28.6.45

Treffen mit Sommer ergab dass nach ihm die amerikan. Polizei gelegentlich gefragt hat. J. Hartmann sei noch hier.

In Halle soll auch Abderhalden weggeführt sein gegen seinen Willen und in unwürdiger Weise.

Hier scheint auch Teucher weggeführt worden zu sein.

Jänicke hat nach mir gefragt, musste aber gleich westwärts weiter. Kockel sei aufgetaucht

29.6.45

Die Kollegen sollen gestern früh aus Wiederitzsch mit Lastautos weggefahren worden sein. Vorher in Offizierswohnungen der Polizeikaserne gut untergebracht.xx) – Da Hoffnung ist, dass unser Gerland heute von Naumburg kommt, sehe ich mich besonders vor; nur Kockel habe ich besucht.

30.6.45

Gerland gestern nicht gekommen. – Gegen Abend sei vor unserem Hause ein amerikan. Lastauto aufgetaucht, beobachtete unser Haus und einen Stadtplan und fuhr dann weiter.

1.7.45

Heute sieht es stark nach Abrücken der Amerikaner aus. Am Abend erfahre ich, dass unser Gerland zurückgekehrt ist.

2.7.45

Russische Truppen sind eingerückt. – Die Lage der Universität war noch sehr kritisch. Der Rektor sollte festgenommen werden; man warf ihm Sabotage von Anordnungen der Militärregierung vor – begründet mit einer unrichtigen Denunziation, Kollegen seien nach der britischen Seite transportiert worden –, das Rundschreiben an die Kollegen wurde beanstandet. – Weiter wurden aus dem Völkerschlachtdenkmal naturwissenschaftliche Bücher abgeholt. – Gestern soll ein Polizist längere Zeit unser Haus bewacht haben.

3.7.45 Rückkehr ins Haus.

x) auch wurde ihr aufgetragen, sofort zu melden, wenn sie etwas über mich erführe.

xx) Am gleichen Tage haben Amerikaner in Naumburg nach mir gefragt. (wie ich später erfuhr) muss der Rechtsgrund festgestellt werden (Befugnis des CIC, jemanden zu verschicken, Kapitulationsbedingung). Der Rektor bittet, dass auch die Nachzügler Familien, wissenschaftliche Hilfsmittel und angemessenen Hausrat mitnehmen dürfen.

Ein (nachher ganz harmloser) Zufall beim Telefonieren ließ mich an die Möglichkeit denken, dass die anrufende Stelle vom Geheimdienst festgestellt sei. Ich fahre dann rasch zum Rektor, nahm noch Beylich als Zeuge zum Haus des Rektors mit und bespreche mit dem Rektor den oben genannten Plan. Der Rektor erzählte, dass er wegen neuer Gerüchte über Verlagerung von Geisteswissenschaften und Medizin im Zimmer 216 gewesen sei, dort wurde er beruhigt. Meinetwegen wurde er nicht angesprochen. Die Kollegen seien vielleicht immer noch in Wiederitzsch. Vielleicht verliefe meine Angelegenheit einfach im Sande. Der Augenblick X sei wohl noch nicht gekommen.

Bei meiner Frau bekam ich schnell noch Abendbrot und ging dann in mein friedliches Quartier. Es ist so abgeschieden vom Verkehr und verborgen gelegen, dass ich in Gefahr komme, die Angelegenheit zu ruhig zu betreiben.

[S. 6] 27.6.45

Es scheint nichts zu geschehen. Bei meiner Frau gewesen, Frl. Kirk (?) gebeten, sich nach unserer Hausgehilfin zu erkundigen. Bei Bornkamm zu Mittag und Kaffee. Nachdem sich gestern das Gerücht verdichtete, die Amerikaner zögen doch bald ab, ist heute nichts zu merken.

Frl. Inge (die Hausgehilfin) ist wieder zu Haus. Man hatte sie eine Nacht im Gefängnis gehalten. „Du frei, wenn Prof. Hund hier". Am anderen Tag wurde sie verhört, aber auch gefragt, wo ich sei, ob ich am Familientisch über die Sache gesprochen hätte.[3] – Vielleicht ist die Sache schon im Sande verlaufen.

28.6.45

Treffen mit Sommer ergab dass auch ihn die amerikan. Polizei gelegentlich gefragt hat. J. Hartmann sei noch hier.

---

3 Auch wurde ihr aufgetragen, sofort zu melden, wenn sie etwas über mich erführe.

In Halle soll auch Abderhalden weggeführt sein gegen seinen Willen und in unwürdiger Weise.

Hier scheint auch Teucher weggeführt worden zu sein.

Jänicke hat nach mir gefragt, musste aber gleich westwärts weiter. Kockel sei aufgetaucht.

29.6.45

Die Kollegen sollen gestern früh aus Wiederitzsch mit Lastautos weggefahren worden sein. Vorher in Offizierswohnungen der Polizeikaserne gut untergebracht.[4] – Da Hoffnung ist, dass unser Gerhard heute von Naumburg kommt, sehe ich mich besonders vor; und Kockel hab ich besucht.

30.6.45

Gerhard gestern nicht gekommen. – Gegen Abend sei vor unserem Haus ein amerikan. Lastauto aufgetaucht, betrachtete unser Haus und einen Stadtplan und fuhr dann weiter.

1.7.45

Heute sieht es stark nach Abrücken der Amerikaner aus. Am Abend erfahre ich, dass unser Gerhard zurückgekehrt ist.

2.7.45

Russische Truppen sind eingerückt. – Die Lage der Universität war noch sehr kritisch. Der Rektor sollte festgenommen werden; man warf ihm Sabotage von Anordnungen der Militärregierung vor – beginnend mit einer einzigen Denunziation, Kollegen seien nach der russischen Seite transportiert worden –, das Rundschreiben an die Kollegen wurde beanstandet. – Weiter wurden aus dem Völkerschlachtdenkmal naturwissenschaftliche Bücher abgeholt. – Gestern soll ein Polizist längere Zeit unser Haus bewacht haben.

3.7.45

Rückkehr ins Haus.

---

4 Am gleichen Tage haben Amerikaner in Naumburg nach mir gefragt (wie ich später erfuhr).

## Anhang 2: Briefwechsel zwischen Friedrich Hund und den verschiedenen Dienststellen der DDR 1951 bis 1958 zur Übersiedlung von Jena nach Frankfurt am Main

Prof. D. F. Hund

24.2.51

An das Staatssekretariat
für das Hochschulwesen in der DDR
über den Herrn Rektor der
Friedrich-Schiller-Universität

<u>Gesuch um Beurlaubung (ohne Gehalt) für die Monate April bis Juli 195</u>

Auf das Schreiben des Herrn Ministers für Volksbildung vom 15.2.51 (Antwort auf mein Entlassungsgesuch) musste ich dem Hessischen Minister für Erziehung und Volksbildung mitteilen, dass ich der schon angenommenen Berufung auf einen Lehrstuhl der Universität Frankfurt/M. nicht folgen kann.

Nach einer Rücksprache, die mir der Herr Staatssekretär am 23.2.51 in Berlin gewährte, bitte ich nun mit diesem Schreiben um einen Urlau für die Zeit vom 1. April bis 31. Juli, um im Sommersemester 1951 an der Universität Frankfurt die von mir angekündigten Vorlesungen halten zu können. Ich bitte auch um Unterstützung des dazu nötigen Passantrages für meine Person. Meine Familie, Bibliothek und Hausrat bleiben in Jena, und ich werde Anfang August zurückkehren. Natürlich kann ich von dem Urlaub, wenn er mir gewährt wird, nur dann Gebrauch machen, wenn das Hessische Ministerium und die Frankfurter Fakultät mit einer solchen vertretenden Wahrnehmung des Frankfurter Lehrstuhles für 1 Semester einverstanden sind.

Mit diesem Urlaub möchte ich versuchen, die Folgen etwas abzuschwäche die die Ablehnung meiner Entlassung für das Verhältnis der ostdeutschen und der westdeutschen Universitäten und auch für meine Person haben muss und die ich in meinem Briefe vom 17.2.51 an den Herrn Volksbildungsminister der DDR dargelegt habe. Die Beurlaubung für ein Semester könnte das Aufsehen verringern, das sonst die Einschränkung der Freizügigkeit der Hochschullehrer machen würde. Die Beurlaubung würde mir erlauben, die der Universität Frankfurt gegebene Zusage (die nach bisheriger Gewohnheit als bindend gelten musste) in

92

so schroffer Form zu brechen als es sonst sein müsste. Die vier Monate Aufenthalt in Frankfurt ( während deren ich nur eine mässige Unterrichtsverpflichtung hätte) gäben mir die Möglichkeit, in sonst unerreichbarer Weise Fachliteratur, besonders des Auslandes, zu studieren, die Arbeiten der benachbarten Physikalischen Institute (ausser Frankfurt insbesondere Heidelberg, Mainz, Marburg) kennen zu lernen und mir Anregung zu verschaffen, die meine spätere Isoliertheit in Jena mindern würden.

Die Voraussetzungen für die Durchführung des Planes scheinen mir günstig. Ich glaube, dass das Hessische Ministerium und die Frankfurter Fakultät darauf eingehen können, da die Besetzung des freien Lehrstuhles auch bei sofortiger Berufung des nächsten Anwärters doch wohl noch einige Monate dauern dürfte. In Jena hat sich die Fakultät auf meinen Weggang eingerichtet. Ich habe keine Vorlesungen angezeigt und durch die Pläne des Herrn Kollegen Buchwald ist für die wichtigsten Veranstaltungen Sorge getragen, die für die Quantentheorie durch eine kleine Vorlesung von Herrn Dr. Lehmann ergänzt werden könnten ( die Anregung dazu habe ich vor längerer Zeit der Fakultät mitgeteilt). Ich glaube, dass auch für die engeren Interessen der Jenaer Universität meine Beurlaubung gerechtfertigt werden kann, durch die Anregungen, die ich für meine spätere Tätigkeit nutzbar machen kann.

Hd.

**Abb. 2.23. (vorangegangene Seite) – 2.24.** Schreiben von Friedrich Hund an das Staatssekretariat für das Hochschulwesen in der DDR vom 24.2.1951: Gesuch um Beurlaubung (ohne Gehalt) für die Monate April bis Juli 1951.

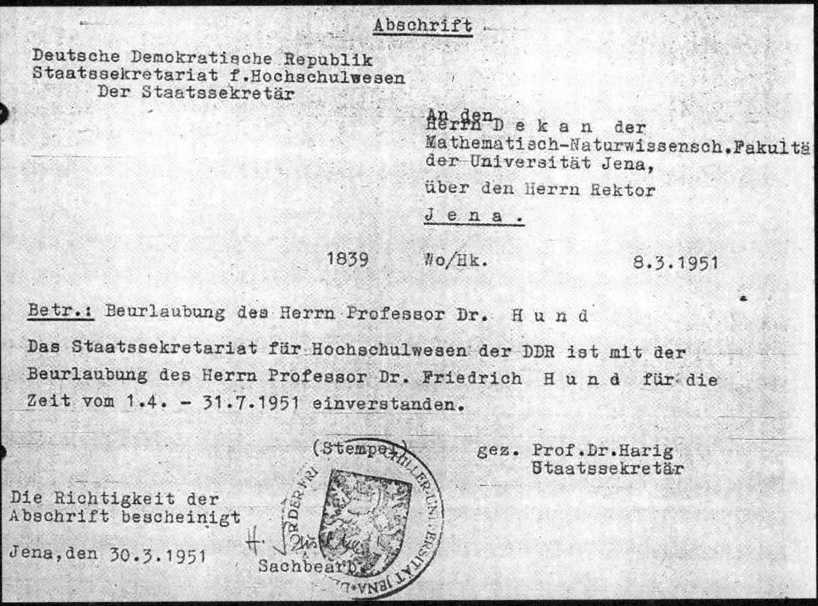

Abschrift

Deutsche Demokratische Republik
Staatssekretariat f.Hochschulwesen
Der Staatssekretär

An den
Herrn D e k a n der
Mathematisch-Naturwissensch.Fakultä
der Universität Jena,
über den Herrn Rektor
J e n a .

1839 Wo/Hk. 8.3.1951

Betr.: Beurlaubung des Herrn Professor Dr. H u n d

Das Staatssekretariat für Hochschulwesen der DDR ist mit der Beurlaubung des Herrn Professor Dr. Friedrich H u n d für die Zeit vom 1.4. - 31.7.1951 einverstanden.

(Stempel) gez. Prof.Dr.Harig
Staatssekretär

Die Richtigkeit der
Abschrift bescheinigt

Jena,den 30.3.1951 Sachbearb.

Abb. 2.25. Staatssekretariat für Hochschulwesen, Der Staatssekretär an den Dekan der Math.-Naturw. Fakultät der Universität Jena, über den Herrn Rektor, 8.3.1951: Zur Beurlaubung des Herrn Prof. Dr. Hund – gez. Prof. Dr. Harig.

Prof.Dr.F.Hund

7.August 1951

An den Herrn Staatssekretär
für das Hochschulwesen in der DDR.
B e r l i n

Sehr geehrter Herr Staatssekretär!

Anfang Januar dieses Jahres habe ich eine Berufung an die Universität Frankfurt a.M. angenommen und meine Professur in Jena zum 1.April gekündigt. Der Herr Minister für Erziehung und Volksbildung, dem damals noch die Hochschulen unterstanden, hat diese Kündigung nicht angenommen. Ich selbst möchte diese Kündigung als gültig ansehen; ich bitte also um Verständnis, wenn ich von dem mir gewährten Urlaub nach Frankfurt a.M. zwar rechtzeitig zurückgekehrt, aber vor einigen Tagen mit meiner Familie nach Frankfurt a.M. übergesiedelt bin.

gez. F. H u n d

=.=.=.=.=.=.=.=.=.=

Abschriften an:

Den Herrn Rektor der Friedrich-Schiller-Universität Jena
Den Herrn Dekan der Mathematisch-Naturwissenschaftlichen Fakultät der Universität Jena
Den stellv.Direktor des Theoretisch-Physikalischen Instituts Jena

**Abb. 2.26.** Hund an den Staatssekretär für das Hochschulwesen in der DDR, mit Abschrift an Rektor, Dekan und stellv. Dir. des Theor.-Physik. Instituts Jena, 7.8.1951.

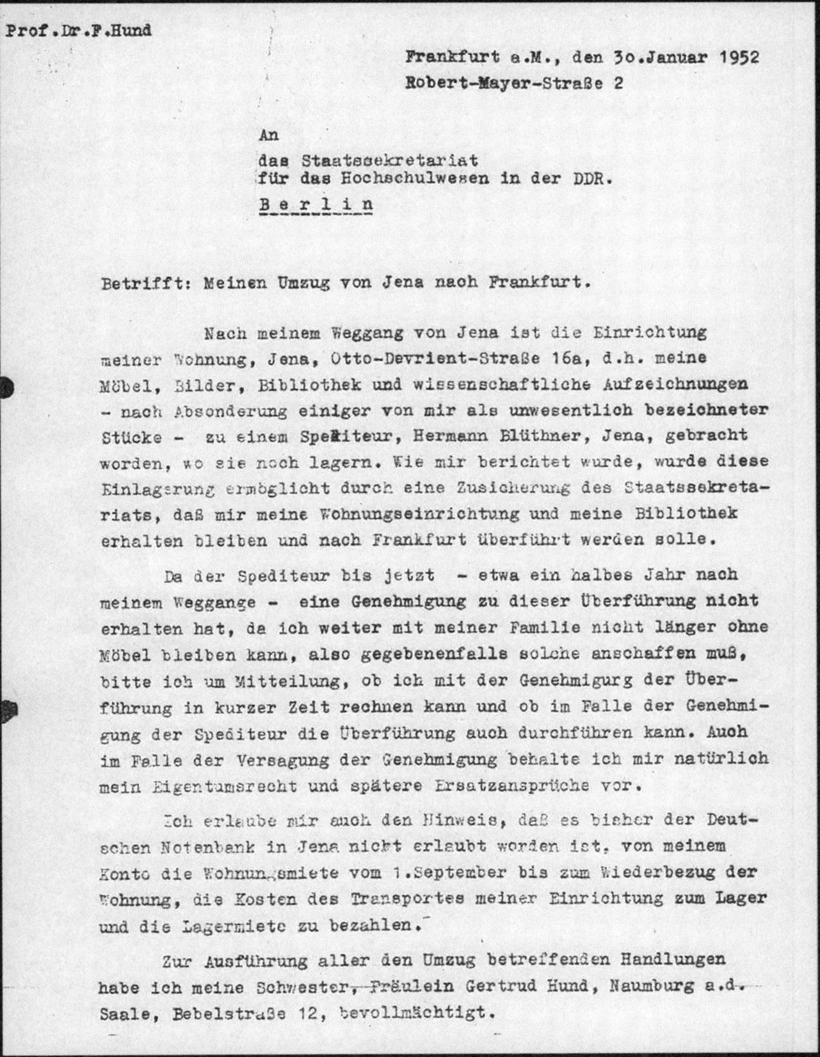

Prof.Dr.F.Hund

Frankfurt a.M., den 30.Januar 1952
Robert-Mayer-Straße 2

An
das Staatssekretariat
für das Hochschulwesen in der DDR.
B e r l i n

Betrifft: Meinen Umzug von Jena nach Frankfurt.

Nach meinem Weggang von Jena ist die Einrichtung meiner Wohnung, Jena, Otto-Devrient-Straße 16a, d.h. meine Möbel, Bilder, Bibliothek und wissenschaftliche Aufzeichnungen – nach Absonderung einiger von mir als unwesentlich bezeichneter Stücke – zu einem Spediteur, Hermann Blüthner, Jena, gebracht worden, wo sie noch lagern. Wie mir berichtet wurde, wurde diese Einlagerung ermöglicht durch eine Zusicherung des Staatssekretariats, daß mir meine Wohnungseinrichtung und meine Bibliothek erhalten bleiben und nach Frankfurt überführt werden solle.

Da der Spediteur bis jetzt – etwa ein halbes Jahr nach meinem Weggange – eine Genehmigung zu dieser Überführung nicht erhalten hat, da ich weiter mit meiner Familie nicht länger ohne Möbel bleiben kann, also gegebenenfalls solche anschaffen muß, bitte ich um Mitteilung, ob ich mit der Genehmigung der Überführung in kurzer Zeit rechnen kann und ob im Falle der Genehmigung der Spediteur die Überführung auch durchführen kann. Auch im Falle der Versagung der Genehmigung behalte ich mir natürlich mein Eigentumsrecht und spätere Ersatzansprüche vor.

Ich erlaube mir auch den Hinweis, daß es bisher der Deutschen Notenbank in Jena nicht erlaubt worden ist, von meinem Konto die Wohnungsmiete vom 1.September bis zum Wiederbezug der Wohnung, die Kosten des Transportes meiner Einrichtung zum Lager und die Lagermiete zu bezahlen.

Zur Ausführung aller den Umzug betreffenden Handlungen habe ich meine Schwester, Fräulein Gertrud Hund, Naumburg a.d. Saale, Bebelstraße 12, bevollmächtigt.

**Abb. 2.27.** Hund an das Staatssekretariat für das Hochschulwesen in der DDR, 30.1.1952: Zu Hunds Umzug von Jena nach Frankfurt.

**Der Rektor**
**der Friedrich-Schiller-Universität**

Jena, den 5. Februar 1952
Fernruf 4054-56

Herrn
Prof.Dr. F. H u n d
Frankfurt/Main

Robert Mayer Str. 2

Sehr geehrter Herr Kollege !

Besten Dank für die Übermittlung der Abschrift Ihres Briefes vom 30.Januar 1952 an das Staatssekretariat für Hochschulwesen.
Als ich Mitte November das Rektorat übernommen hatte, wurde mir mitgeteilt, dass auf Anordnung des Staatssekretariats Ihre Möbel und sämtliche Einrichtungsgegenstände sachgemäß verpackt an Sie abgegangen seien. Auf Grund dieser Auskunft mußte ich der Meinung sein,dass Ihre Angelegeheit völlig in Ordnung gebracht worden sei.
Aus Ihrem Brief erfahre ich nun zu meinem Erstaunen, dass sich die Möbel immer noch hier befinden. Sofort angestellte Nachforschungen haben ergeben, dass irgendwelche eigenartige Auffassungsverschiedenheiten bei verschiedenen Behörden darüber bestehen, wer letzten Endes die Anweisung zum Verschicken der Gegenstände zu erteilen hat.
Selbstverständlich werde ich sofort alle möglichen Schritte unternehmen,um diese Angelegenheit in Ordnung zu bringen und werde auch persönlich mit Herrn Staatssekretär sprechen.
Bei einer kürzlichen Unterredung in Berlin, ist auch Ihr Name gefallen,worauf der Staatssekretär großen Wert darauf gelegt hat, dass die Verbindung mit Ihnen keineswegs abreißen soll und dass wir Sie, wenn sich irgendeine entsprechende Gelegenheit bietet, gern bei Tagungen oder einem ähnlichen Anlaß hier sehen möchten. Gerade weil der Staatssekretär Ihnen anscheinend weiterhin eine durchaus freundliche Gesinnung bewahrt hat, war ich der fälschlichen Meinung,dass auch die Angelegenheit Ihrer Übersiedlung in Ordnung gebracht worden wäre.
Sollte ich irgendetwas näheres in Erfahrung bringen, werde ich Ihnen sofort Mitteilung machen. Ich brauche wohl nicht besonders zu betonen, dass ich auch Ihrem Frl. Schwester jederzeit gern beistehe,falls Sie in irgend einer Weise meine Hilfe benötigt.

Mit besten Grüssen

Ihr sehr ergebener

**Abb. 2.28.–2.29.** Der Rektor der Friedrich-Schiller-Universität an Hund, 5.2.1952: Antwort auf das Schreiben vom 30.1.1952 (**Abb. 2.27.**).

**Abb. 2.30.** DDR, Staatssekretariat für Hochschulwesen, Der Staatssekretär an den Rektor der Friedrich-Schiller-Universität Jena, 2.3.1952: Antwort auf das Schreiben des Rektors vom 7.2.1952, gez. Pätsch.

A b s c h r i f t

Deutsche Demokratische Republik
Staatssekretariat für Hochschulwesen
Der Staatssekretär

An den

Herrn Rektor der Friedrich-
Schiller-Universität

J e n a

Unsere Zeichen Pä/Eg.

Berlin W 1
3.3.1952

Magnifizenz!

In Beantwortung Ihres Schreibens vom 7.2. 1952 teilen wir Ihnen mit, dass nach den uns zugegangenen Informationen, der Regierung des Landes Thüringen durch das Ministerium des Inneren mitgeteilt worden ist, dass keine Bedenken gegen die Überführung der Möbel von Herrn Prof. Hund vorliegen.
Ebenso ist auch die Schwester von Herrn Prof. Hund darüber informiert worden.
Ich glaube, dass Sie keine Besorgnisse mehr zu haben brauchen.

Mit vorzüglicher Hochachtung
gez. P ä t s c h
Persönlicher Referent
des Staatssekretärs

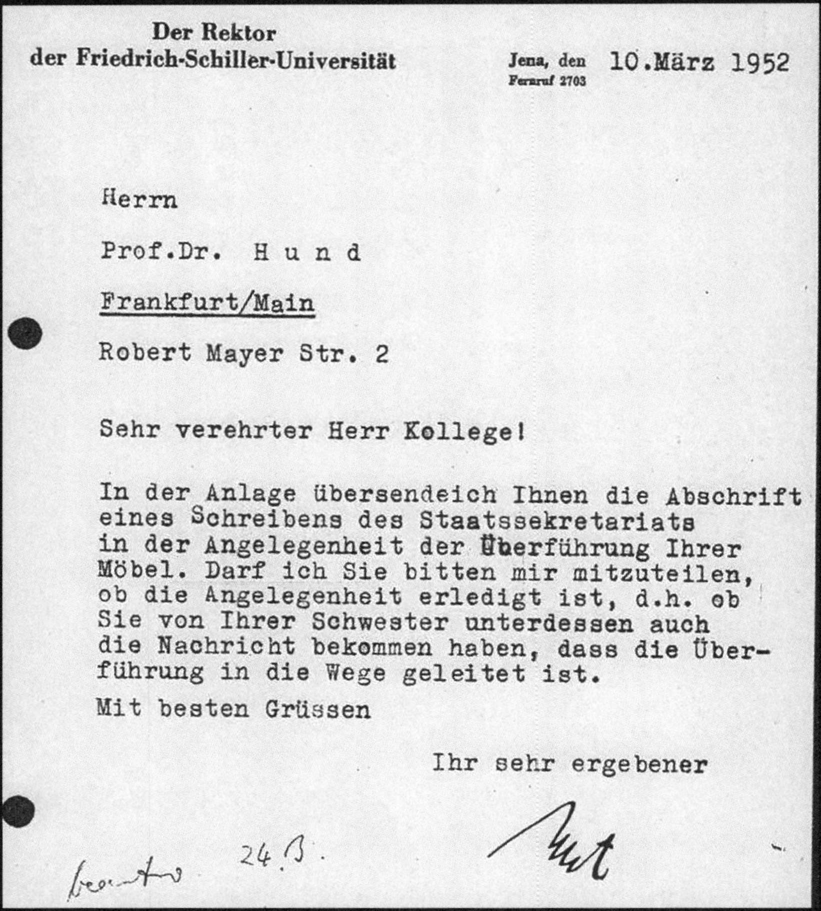

**Der Rektor**
**der Friedrich-Schiller-Universität**

Jena, den 10.März 1952
Fernruf 2703

Herrn

Prof.Dr. H u n d

Frankfurt/Main

Robert Mayer Str. 2

Sehr verehrter Herr Kollege!

In der Anlage übersendeich Ihnen die Abschrift eines Schreibens des Staatssekretariats in der Angelegenheit der Überführung Ihrer Möbel. Darf ich Sie bitten mir mitzuteilen, ob die Angelegenheit erledigt ist, d.h. ob Sie von Ihrer Schwester unterdessen auch die Nachricht bekommen haben, dass die Überführung in die Wege geleitet ist.

Mit besten Grüssen

Ihr sehr ergebener

beantw. 24.3.

**Abb. 2.31.** Der Rektor der Friedrich-Schiller-Universität an Hund: Abschrift eines Schreibens des Staatssekretariats in der Angelegenheit der Überführung Ihrer Möbel, 10.3.1952; beantwortet am 24.2.1952.

Prof. Dr. F. Hund
Göttingen
Merkelstr. 55

Göttingen, 3.3.1958

An den Herrn Staatssekretär
für das Hochschulwesen in der DDR
B e r l i n
Unter den Linden

Sehr geehrter Herr Staatssekretär :

Der Umstand, daß für Ende März zwei Vorträge von mir an der Universität Jena vorgesehen sind, daß ich von der Physikalischen Gesellschaft in der DDR zu einer Diskussionstagung in Leipzig eingeladen bin und auch eine Voreinladung zum Jenaer Universität-Jubiläum erhalten habe, veranlaßt mich zu dem Versuch, eine Angelegenheit zu klären, die ich bisher in der Schwebe gelassen habe.

Als Professor der Universität Jena erhielt ich 1950 eine Berufung an die Universität Frankfurt a/Main, unterhandelte mit Wissen des Volksbildungsministeriums des damaligen Landes Thüringen und des Volksbildungsministeriums der DDR über die Bedingungen der Übernahme des Lehrstuhls, schickte Zwischenbescheide an die Ministerien in Weimar und Berlin, nahm die Berufung schließlich an und zeigte meine Absicht, aus dem Thüringischen Landesdienst auszuscheiden, diesem Ministerium an. Mir wurde dann vom Herrn Minister für Volksbildung der DDR zuerst mündlich, dann schriftlich (W/Gr v. 15.2.1951) mitgeteilt, daß er sich außerstande sähe, sein Einverständnis zu meinem Weggang zu geben. Ich habe dies so ausgelegt, daß ich nicht erwarten könnte, daß mir eine Abmeldung bei der Polizei das Verlassen der DDR ermöglichte. Ich habe darum nach Rückkehr von einer Beurlaubung an die Universität Frankfurt, die mir für einige Monate gewährt war, Ende Juli 1951 mit meiner Familie Jena und die DDR ohne polizeiliche Abmeldung verlassen.

- 2 -

Ich muß Verständnis für die damalige Stellungnahme des Herrn Ministers haben, entnahm aber aus dem Umstand, daß die Überführung meines Hausrats und meiner Bibliothek nach Frankfurt (Main) im März oder April 1952 gestattet wurde, auch aus anderen Anzeichen, daß das Staatsserkretariat für Hochschulwesen, das inzwischen die Oberaufsicht über die Hochschulen in der DDR übernommen hatte, meinen Schritt vielleicht nicht billigte, aber doch als nicht unbedingt trennend ansah.

Eine Anfrage aus Kreisen der Universität Jena bei der Deutschen Notenbank in Jena ergab jedoch, daß ich bei meinem geplanten Aufenthalt nicht in dem gesetzlichen Umfange über mein Konto verfügen dürfte, da ich "illegal weggegangen" sei. Ich habe auch (abgesehen von der ersten Zeit) nie Angaben über meinen Kontostand, auf dem ja Eingänge aus Buchhonoraren erfolgten, erhalten. Ich schiebe nicht gerne eine solche Geldangelegenheit, die auch dem Betrag nach geringfügig ist, in den Vordergrund, mache auch meine für den 26. und 27. März geplanten Jenaer Vorträge, die ich versprochen habe, nicht etwa von der Regelung dieser Angelegenheit abhängig. Aber ich bitte um Verständnis, daß ich weiterhin nicht so inkonsequent sein kann, Beziehungen zu Stellen aufrechtzuerhalten, denen gegenüber ich das doch erhebliche Vergehen des illegalen Verlassens der DDR begangen habe. Entweder wird mir dieses Vergehen weiterhin vorgeworfen, dann werde ich die Folgen tragen und keine Verbindung mit Hochschulen der DDR haben können, auch keine Beratungen in Lehrstuhlfragen usw. erteilen können. Ich werde keine persönliche Bitterkeit empfinden, ich weiß, daß persönliche Wünsche und sachliche Zweckmäßigkeiten oft vor politischen Entscheidungen zurückstehen. Oder die Illegalität meines Weggangs ist getilgt, dann kann ich unbefangen zu Vorträgen oder Tagungen in der DDR kommen, Mitglied der Deutschen Akademie der Wissenschaften und der Sächsischen Akademie der Wissenschaften bleiben, diesen Gremien und auch den Fakultäten der Hochschulen auf Wunsch Gutachten erteilen.

Ihr sehr ergebener

**Abb. 2.32. (vorangegangene Seite) – 2.33.** Hund an den Herrn Staatssekretär für das Hochschulwesen in der DDR, 3.3.1958: ausführlicher Brief zur Problematik der Einreise in die DDR, als Mitglied der Deutschen Akademie der Wissenschaften.

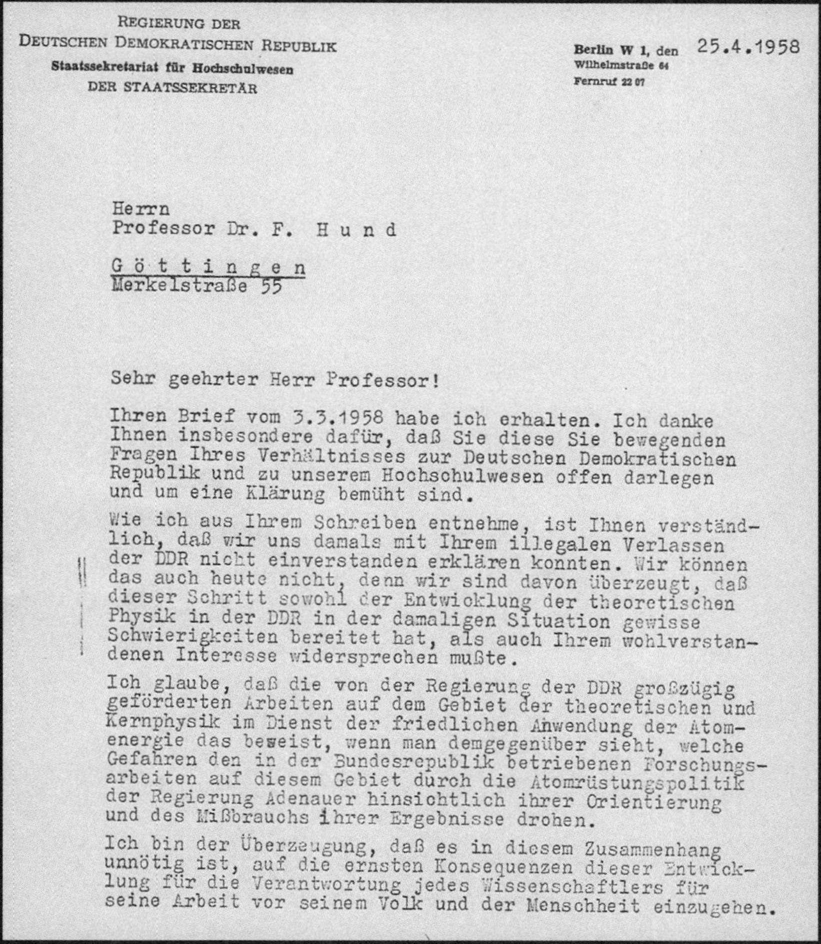

REGIERUNG DER
DEUTSCHEN DEMOKRATISCHEN REPUBLIK
**Staatssekretariat für Hochschulwesen**
DER STAATSSEKRETÄR

Berlin W 1, den 25.4.1958
Wilhelmstraße 64
Fernruf 22 07

Herrn
Professor Dr. F. H u n d

G ö t t i n g e n
Merkelstraße 55

Sehr geehrter Herr Professor!

Ihren Brief vom 3.3.1958 habe ich erhalten. Ich danke Ihnen insbesondere dafür, daß Sie diese Sie bewegenden Fragen Ihres Verhältnisses zur Deutschen Demokratischen Republik und zu unserem Hochschulwesen offen darlegen und um eine Klärung bemüht sind.

Wie ich aus Ihrem Schreiben entnehme, ist Ihnen verständlich, daß wir uns damals mit Ihrem illegalen Verlassen der DDR nicht einverstanden erklären konnten. Wir können das auch heute nicht, denn wir sind davon überzeugt, daß dieser Schritt sowohl der Entwicklung der theoretischen Physik in der DDR in der damaligen Situation gewisse Schwierigkeiten bereitet hat, als auch Ihrem wohlverstandenen Interesse widersprechen mußte.

Ich glaube, daß die von der Regierung der DDR großzügig geförderten Arbeiten auf dem Gebiet der theoretischen und Kernphysik im Dienst der friedlichen Anwendung der Atomenergie das beweist, wenn man demgegenüber sieht, welche Gefahren den in der Bundesrepublik betriebenen Forschungsarbeiten auf diesem Gebiet durch die Atomrüstungspolitik der Regierung Adenauer hinsichtlich ihrer Orientierung und des Mißbrauchs ihrer Ergebnisse drohen.

Ich bin der Überzeugung, daß es in diesem Zusammenhang unnötig ist, auf die ernsten Konsequenzen dieser Entwicklung für die Verantwortung jedes Wissenschaftlers für seine Arbeit vor seinem Volk und der Menschheit einzugehen.

**Abb. 2.34. (oben) – 2.35. (nächste Seite)** Regierung der DDR, Der Staatssekretär an Hund, 25.4.1958: Ausführliche Antwort zum Schreiben vom 3.3.1958 (Abb. 2.32.–2.33.), gez. Dr. Girnus, Staatssekretär.

Staatssekretariat
für Hochschulwesen

Blatt 2 des Schreibens vom 25.4.1958

Ich bin der Ansicht, daß dieser von uns nach wie vor zu mißbilligende Schritt nicht unbedingt trennend sein muß, da Sie sicherlich nicht in feindlicher Absicht die DDR verlassen haben. Ich hoffe vielmehr, daß im Zusammenhang mit Ihrer Mitgliedschaft in wissenschaftlichen Einrichtungen der DDR und im Ergebnis bereits laufender Gespräche wir zu einer engeren Zusammenarbeit kommen, die sowohl im Interesse der naturwissenschaftlichen Forschung in der DDR liegt als auch Ihrer eigenen wissenschaftlichen Arbeit wesentlichen Nutzen bringen kann.

Ich bin sicher, daß sich die von Ihnen angeschnittenen Fragen Ihrer in der DDR verbliebenen Vermögenswerte regeln lassen. Teilen Sie mir bitte gelegentlich Einzelheiten in dieser Angelegenheit mit.

Mit vorzüglicher Hochachtung

Girnus

Dr. G i r n u s
Staatssekretär



Friedrich Hund

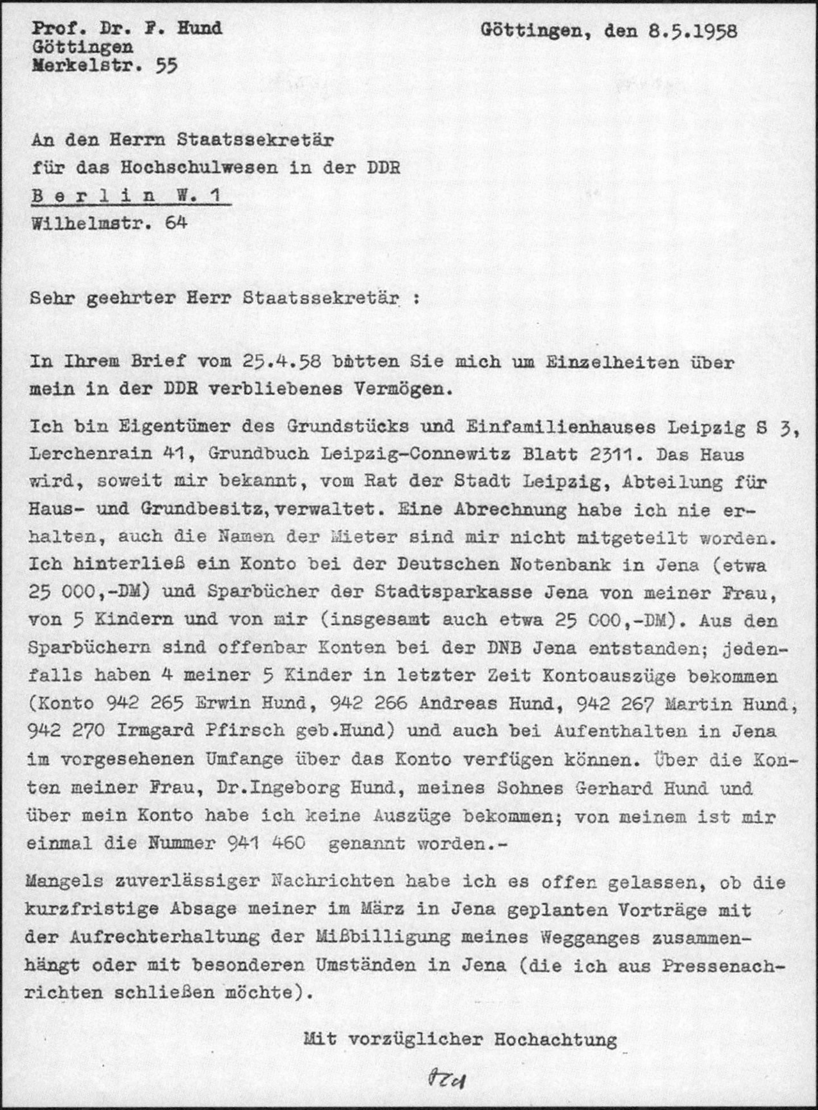

Prof. Dr. F. Hund
Göttingen
Merkelstr. 55

Göttingen, den 8.5.1958

An den Herrn Staatssekretär
für das Hochschulwesen in der DDR
B e r l i n W. 1
Wilhelmstr. 64

Sehr geehrter Herr Staatssekretär :

In Ihrem Brief vom 25.4.58 baten Sie mich um Einzelheiten über mein in der DDR verbliebenes Vermögen.

Ich bin Eigentümer des Grundstücks und Einfamilienhauses Leipzig S 3, Lerchenrain 41, Grundbuch Leipzig-Connewitz Blatt 2311. Das Haus wird, soweit mir bekannt, vom Rat der Stadt Leipzig, Abteilung für Haus- und Grundbesitz, verwaltet. Eine Abrechnung habe ich nie erhalten, auch die Namen der Mieter sind mir nicht mitgeteilt worden. Ich hinterließ ein Konto bei der Deutschen Notenbank in Jena (etwa 25 000,-DM) und Sparbücher der Stadtsparkasse Jena von meiner Frau, von 5 Kindern und von mir (insgesamt auch etwa 25 000,-DM). Aus den Sparbüchern sind offenbar Konten bei der DNB Jena entstanden; jedenfalls haben 4 meiner 5 Kinder in letzter Zeit Kontoauszüge bekommen (Konto 942 265 Erwin Hund, 942 266 Andreas Hund, 942 267 Martin Hund, 942 270 Irmgard Pfirsch geb.Hund) und auch bei Aufenthalten in Jena im vorgesehenen Umfange über das Konto verfügen können. Über die Konten meiner Frau, Dr.Ingeborg Hund, meines Sohnes Gerhard Hund und über mein Konto habe ich keine Auszüge bekommen; von meinem ist mir einmal die Nummer 941 460 genannt worden.-

Mangels zuverlässiger Nachrichten habe ich es offen gelassen, ob die kurzfristige Absage meiner im März in Jena geplanten Vorträge mit der Aufrechterhaltung der Mißbilligung meines Wegganges zusammenhängt oder mit besonderen Umständen in Jena (die ich aus Pressenachrichten schließen möchte).

Mit vorzüglicher Hochachtung

FHd

**Abb. 2.36.** Hund an den Staatssekretär für das Hochschulwesen in der DDR, 8.5.1958: Antwort zum Schreiben vom 25.4.1958 (Abb. 2.34.–2.35.) betreffend das in der DDR verbliebene Vermögen.

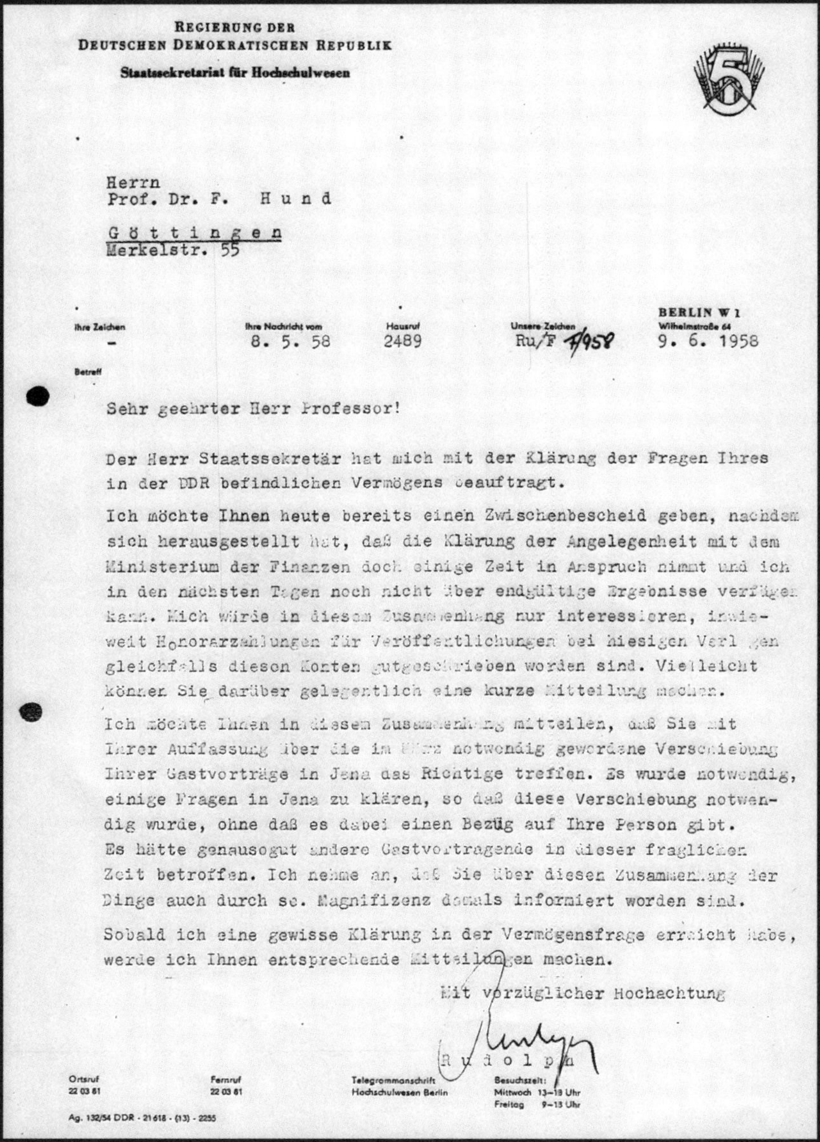

REGIERUNG DER
DEUTSCHEN DEMOKRATISCHEN REPUBLIK
Staatssekretariat für Hochschulwesen

Herrn
Prof. Dr. F. Hund

Göttingen
Merkelstr. 55

| Ihre Zeichen | Ihre Nachricht vom | Hausruf | Unsere Zeichen | BERLIN W 1 Wilhelmstraße 64 |
| --- | --- | --- | --- | --- |
| - | 8. 5. 58 | 2489 | Ru/F 7/958 | 9. 6. 1958 |

Betreff

Sehr geehrter Herr Professor!

Der Herr Staatssekretär hat mich mit der Klärung der Fragen Ihres in der DDR befindlichen Vermögens beauftragt.

Ich möchte Ihnen heute bereits einen Zwischenbescheid geben, nachdem sich herausgestellt hat, daß die Klärung der Angelegenheit mit dem Ministerium der Finanzen doch einige Zeit in Anspruch nimmt und ich in den nächsten Tagen noch nicht über endgültige Ergebnisse verfügen kann. Mich würde in diesem Zusammenhang nur interessieren, inwieweit Honorarzahlungen für Veröffentlichungen bei hiesigen Verlagen gleichfalls diesen Konten gutgeschrieben worden sind. Vielleicht können Sie darüber gelegentlich eine kurze Mitteilung machen.

Ich möchte Ihnen in diesem Zusammenhang mitteilen, daß Sie mit Ihrer Auffassung über die im März notwendig gewordene Verschiebung Ihrer Gastvorträge in Jena das Richtige treffen. Es wurde notwendig, einige Fragen in Jena zu klären, so daß diese Verschiebung notwendig wurde, ohne daß es dabei einen Bezüg auf Ihre Person gibt. Es hätte genausogut andere Gastvortragende in dieser fraglichen Zeit betroffen. Ich nehme an, daß Sie über diesen Zusammenhang der Dinge auch durch se. Magnifizenz damals informiert worden sind.

Sobald ich eine gewisse Klärung in der Vermögensfrage erreicht habe, werde ich Ihnen entsprechende Mitteilungen machen.

Mit vorzüglicher Hochachtung

Rudolph

Ortsruf 22 03 81 — Fernruf 22 03 81 — Telegrammanschrift Hochschulwesen Berlin — Besuchszeit: Mittwoch 13–18 Uhr, Freitag 9–13 Uhr

Ag. 132/54 DDR - 21618 - (13) - 2255

**Abb. 2.37.** Regierung der DDR, Staatssekretariat für Hochschulwesen an Hund, 9.6.1958: Antwort zum Schreiben vom 8.5.1958 zwecks Klärung der offenen Fragen, gez. Rudolph (**Abb. 2.36.**).

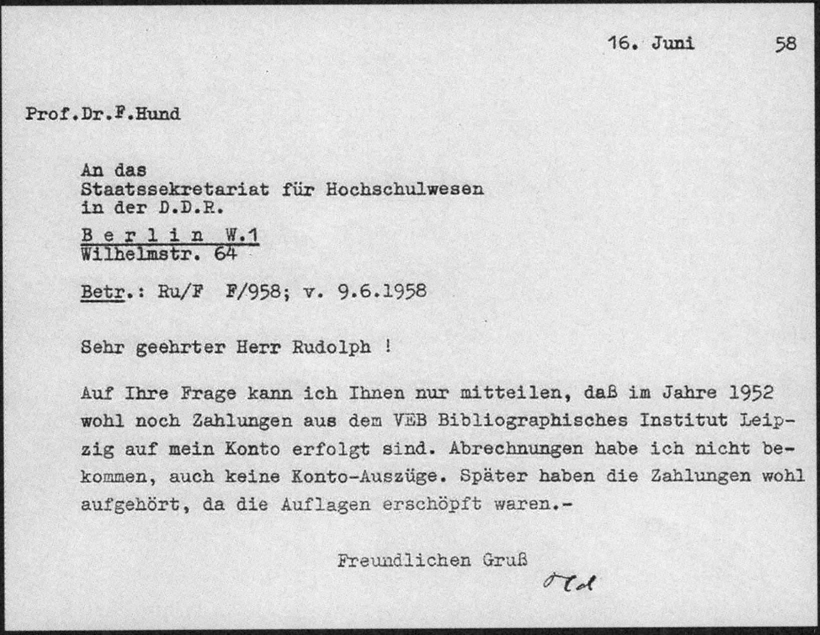

16. Juni 58

Prof.Dr.F.Hund

An das
Staatssekretariat für Hochschulwesen
in der D.D.R.
B e r l i n W.1
Wilhelmstr. 64

Betr.: Ru/F F/958; v. 9.6.1958

Sehr geehrter Herr Rudolph !

Auf Ihre Frage kann ich Ihnen nur mitteilen, daß im Jahre 1952 wohl noch Zahlungen aus dem VEB Bibliographisches Institut Leipzig auf mein Konto erfolgt sind. Abrechnungen habe ich nicht bekommen, auch keine Konto-Auszüge. Später haben die Zahlungen wohl aufgehört, da die Auflagen erschöpft waren.-

Freundlichen Gruß

**Abb. 2.38.** Hund an das Staatssekretariat für Hochschulwesen in der DDR, 16.6.1958: Antwort zum Schreiben vom 9.6.1958 (**Abb. 2.37.**).

**Abb. 2.39.** Friedrich Hund am früheren Göttinger Arbeitsplatz.

## Anmerkungen

1 Für den Druck überarbeiteter Vortrag auf dem Hund-Kolloquium Technik-Geschichte in Jena vom 30. September 2010, übertragen von Nicole Ullrich.

2 Faksimiles des handschriftlichen Protokolls mit Transkription sind im **ANHANG 1** zu diesem Beitrag aufgeführt.

3 Ebd., S. 63.

4 Ebd., S. 68.

5 Ebd.

6 Otto Schmeil, Jost Fitschen: *Schmeil-Fitschen – Die Flora Deutschlands und angrenzender Länder. Ein Buch zum Bestimmen aller wildwachsenden und häufig kultivierten Gefäßpflanzen* (Hrsg.: Gerald Parolly, Jens G. Rohwer). 98. Aufl. Quelle & Meyer, Wiebelsheim, **2024**.

7 *Quantenmechanik im Aufbruch – Friedrich Hund berichtet aus seinem Leben*. Göttingen **1988**. Gesprächspartner: Helmut Rechenberg. <https://doi.org/10.3203/IWF/G-239>.

# 3 Anmerkungen zu Friedrich Hunds Jenaer Zeit

*„Auf Wanderungen kann man sehr wohl auch theoretische Physik erlernen, wenn sie von der richtigen Seite vorgetragen wird."*

— Gerhard Weber




›<https://doi.org/10.47261/1577-3>

## Von Gerhard Weber[1]

Im Folgenden möchte ich einige Anmerkungen zum vorangegangenen Vortrag von Gerhard Hund machen und dabei, anknüpfend an die Göttinger Zeit, etwas über Friedrich Hund sagen – dazu, wie ihn seine Zeit in Göttingen geprägt hat, wie das seine spätere Tätigkeit als Hochschullehrer beeinflusste und wie sich dies dann hier in Jena ausgewirkt hat, indem er Möglichkeiten schuf, die der Atmosphäre der Göttinger Zeit zumindest nahekamen.

Aus den Ausführungen, auch aus den Filmen, ist deutlich geworden, wie sehr Professor Hund Wert darauf legte, nicht nur von seinen eigenen Lehrern zu profitieren, sondern dass es ihm in Göttingen auch besonders wichtig war, dass sich an diesem Zentrum der theoretischen Physik stets eine größere Gruppe junger Leute zusammenfand, die mit ihren Diskussionen die Entwicklung der Quantentheorie vorantrieben.

Als er von Leipzig nach Jena übersiedelte, stellte er fest, dass es Schwierigkeiten im Lande gab: Die verschiedenen Theoretiker-Gruppen, die eigentlich auf demselben Ausbildungsstand waren, mussten zusammengeführt werden, damit sie im Erlernen der Theorie und deren Anwendung gemeinsam etwas bewegen konnten.

Dafür hat er Folgendes unternommen: Zum ersten Mal, etwa 1947/48, organisierte Herr Hund im Georgenthaler Ferienheim der Universität Seminare. Um Kontakte zu anderen Universitäten herzustellen, lud er zunächst eine kleine Gruppe von Diplomanden um Professor Möglich aus Berlin zu diesen Seminaren ein. Neben dieser Berliner Gruppe beteiligten sich natürlich auch die Jenaer Diplomanden an den Diskussionen. Dabei zeigte sich: Auf Wanderungen kann man sehr wohl auch theoretische Physik erlernen, wenn sie von der richtigen Seite vorgetragen wird. So unternahmen wir gemeinsame Wanderungen zum Inselsberg, machten zwischendurch mal Rast und diskutierten dabei weiter über die theoretische Physik – Themen, die wir im Hörsaal vorbereitet hatten und nun vertiefen konnten.

Später weitete sich diese Verbindung von Jena aus auf die Hochschulen des ganzen Landes aus, stets mit dem Ziel, dass die jungen Leute den Lernprozess und die Anwendung der Theorie selbst mitgestalten sollten.

Damit diese Zusammenarbeit von Rostock über Berlin und einer Restgruppe in Leipzig bis nach Dresden aufrechterhalten werden konnte, wurde in Jena eine besondere seminaristische Veranstaltung ins Leben gerufen: die Privatseminare am Hundschen Lehrstuhl. Zu diesen Veranstaltungen lud Herr Hund selbst ein und übernahm die finanzielle Unterstützung für Bahnfahrt und Unterkunft der jungen Teilnehmer.

Das war eine echte Förderung des wissenschaftlichen Nachwuchses, und ich möchte betonen, dass diese Veranstaltungen ganz unabhängig von der Universitätsverwaltung und den übrigen Gremien organisiert wurden. Sie gingen einzig vom Lehrstuhl aus und waren nach meiner Ansicht eine der wichtigsten Fördermaßnahmen für viele theoretische Physiker im Land. Dabei zeigte sich, wie dankbar junge Wissenschaftler sind, wenn man ihnen die Möglichkeit zur Eigeninitiative gibt. Es ist aus meiner Sicht ein großes Verdienst von Professor Hund, dass er den Nachwuchs so gut begleitet und gefördert hat.

Es ging ihm auch besonders darum – in einer Zeit, in der es schwierig war, an Literatur und Lehrbücher zu gelangen –, uns zu zeigen, dass es nicht immer darauf ankommt, Lehrbücher Wort für Wort zu studieren. Denn die wesentlichen Denkanstöße für die Entwicklung einer Theorie finden sich oft in speziellen, manchmal ausgefallenen Fachartikeln zu bestimmten Richtungen – Denkanstöße, die in systematischen Lehrbüchern oft gar nicht mehr enthalten sind, weil diese auf eine geschlossene und leicht lesbare Darstellung abzielen. Professor Hund hat immer wieder – manchmal in anekdotischer Form – darauf hingewiesen, worauf es ankommt, um eine bestimmte Schwierigkeit in der Theorie zu überwinden.

## Anmerkung

1 Für den Druck überarbeiteter Kurzvortrag auf dem Hund-Kolloquium Technik-Geschichte in Jena vom 30. September 2010, der von Nicole Ullrich übertragen wurde.

# 4

# Rede zur Jahresfeier der Friedrich-Schiller-Universität Jena am 26. Juni 1948

## Physik und allgemeine Bildung

Rede

zur Jahresfeier der Friedrich-Schiller-Universität Jena
am 26. Juni 1948 gehalten

von

F. Hund
dem Rektor der Universität

*„Der Wissenschaft Treibende wird gemahnt, sein eigenes Fach eingebettet zu sehen in einen allgemeinen Strom geistigen Lebens der Menschheit; er wird angehalten, den Spuren nachzugehen, die die Fachwissenschaft sichtbar auch da gelassen hat, wo es sich um viel allgemeinere Dinge handelte."*

— Friedrich Hund

Friedrich Hunds langer Weg nach Göttingen

›<https://doi.org/10.47261/1577-4>

## Von Friedrich Hund[1]

Zeiten wie die heutige, in der Werte in Frage gestellt werden, die vor wenigen Jahrzehnten noch unangetastet feststanden, und in der neue Gedanken Wertansprüche nachdrücklich anmelden, mahnen jeden von uns, sich Rechenschaft zu geben von der Bedeutung des Zweiges menschlicher Betätigung, den er sich selbst gewählt hat. Der Wissenschaft Treibende wird gemahnt, sein eigenes Fach eingebettet zu sehen in einen allgemeinen Strom geistigen Lebens der Menschheit; er wird angehalten, den Spuren nachzugehen, die die Fachwissenschaft sichtbar auch da gelassen hat, wo es sich um viel allgemeinere Dinge handelte. So kommt er dazu, das Verhältnis seines Faches zur allgemeinen Bildung zu betrachten.

Was Bildung ist, wollen wir nicht durch eine Definition aussprechen. Es genügt vielleicht, auf einige Merkmale dieses Begriffes zu achten, solche, an die man im ersten Augenblick nicht denkt.

Des einzelnen Menschen Leben ist in eigenartiger Weise aus Unbewußtem und Bewußtem gemischt. Entscheidungen von Belang treffen wir spontan, ohne überlegen zu müssen; als geistige Menschen fühlen wir uns verpflichtet, die Entscheidung wenigstens hinterher denkend durch Abwägung der Gründe zu rechtfertigen; wir sind befriedigt, wenn wir feststellen, daß wir auch bei vorherigem Nachdenken nicht anders entschieden hätten. Wir fühlen uns auch für das Unbewußte in uns verantwortlich. Wir wissen, daß die „Haltung", die unser Verhalten bestimmt, nicht ein fest Gegebenes ist, daß sie sich vielmehr durch unser bewußtes geistiges Leben mit verändert. Die Wachheit, die wir bestimmten Seiten unserer Umgebung entgegenbringen, und die Gleichgültigkeit anderen gegenüber, wandelt sich mit unserer geistigen Bemühung; ebenso die Art, wie wir durch das Erscheinen von Werten oder die Mißachtung von Werten angesprochen werden. Vom Gebildeten erwarten wir irgendwie einen Einklang seines bewußten Denkens mit seinem unbewußten Handeln. Und es gehört zur allgemeinen Bildung, wenn dieser Einklang über die Gegebenheiten des engeren Berufes und über fachliche Begrenzung hinausgeht.

**Abb. 4.1.** Cover der gedruckten Rede vom 26. Juni 1948.

Über solcher Bildung des Einzelnen, die je nach zeitlicher oder gesellschaftlicher Bindung eine ganz verschiedene sein kann, gibt es so etwas wie eine Gesamtbildung – Gesamtbewußtsein wäre nicht ganz treffend, da es auch den bewußtesten Einzelnen nicht immer deutlich gegenwärtig ist – etwas, was sich in den geistig Führenden mehr darstellt als in den anderen, was sich im Laufe der Zeit langsam verändert und bei verschiedenen Völkern ein wenig verschieden ist, etwas, was sich für den Fortgang des geistigen Lebens als sehr wirksam erweist. Zu diesem (nennen wir es doch einmal so) Gesamtbewußtsein gehört ein bestimmtes vorherrschendes Verhalten der Natur gegenüber, in dem einmal mehr Furcht, das andere Mal mehr Vertrauen obenan ist, das einmal die Natur mehr als geheimnisvoll oder drohend und bedrückend ansieht, das andere Mal als begreifbar oder zur Beherrschung lockend. Zu diesem Gesamtbewußtsein gehört eine größere oder geringere Neigung, das Erlebte gedanklich festzuhalten und es denkend zu durchdringen; dazu gehört ein gewisses Maß von Kritik allgemeinen Behauptungen gegenüber, die Aufstellung gewisser Forderungen, die erfüllt sein müssen, damit etwas glaubhaft erscheint oder als bewiesen gilt.

Zwischen diesem Gesamtbewußtsein und den Erkenntnissen der Wissenschaften besteht eine enge Wechselwirkung, wie auch zwischen der allgemeinen Bildung des Einzelnen von uns und seiner Facharbeit. Dabei ist es oft so gewesen, daß ein Gesamtbewußtsein nicht nur die Fragestellung der Wissenschaften, sondern auch die Begründung der Ergebnisse beeinflußt hat. In der Gegenwart scheint uns der andere Einfluß stärker, von den wissenschaftlichen Erkenntnissen zum Gesamtbewußtsein.

D E S C A R T E S begründete das (bei ihm noch nicht ganz klar gefaßte) Gesetz der Erhaltung der Bewegung mit der Unveränderlichkeit Gottes. L E I B N I Z sieht in gewissen Formen der Grundgesetze der Mechanik (bei den wirklich ablaufenden Bewegungen haben bestimmte Integrale einen kleinsten Wert unter den aus den geometrisch möglichen Bewegungen gebildeten). Beispiele dafür, daß unsere wirkliche Welt die Vollkommenste

# Physik und allgemeine Bildung

Rede

zur Jahresfeier der Friedrich-Schiller-Universität Jena
am 26. Juni 1948 gehalten

von

**F. Hund**
dem Rektor der Universität

Jena
Verlag von Gustav Fischer
1949

Jenaer Akademische Reden. Heft 31.

unter den denkbaren Welten sei. Für HEGEL ist die Geschichte die Entfaltung des Weltgeistes durch den Fortschritt im Bewußtsein der Freiheit. In diesen drei Beispielen ist die geistige Verarbeitung wissenschaftlicher Erkenntnisse sehr stark von einer schon vorhandenen, zunächst theologisch bestimmten Gesamtansicht abhängig. Heute sehen wir, wie gesagt, viel stärker die Gesamtansicht, die Lebensstimmung durch die wissenschaftliche Erkenntnis geformt.

Ich habe mir für heute die Aufgabe gestellt, an Beispielen aus der Wissenschaft, in der ich mich zu Hause fühle, der Physik, aufzuzeigen, wie fachwissenschaftliche Erkenntnis zur allgemeinen Bildung der Gesamtheit und des Einzelnen beiträgt; ich nehme mir also vor, die Physik als Bildungsmacht hinzustellen. Nicht nur „vielgescholten und vielbewundert“ steht die Physik heute da, auch recht unbehaglich erscheint sie. Ihre Ergebnisse können nur von den Wenigen richtig erfaßt werden, die eine verschärfte wissenschaftliche

Sprache beherrschen, über eine hohe Denkdisziplin und ein starkes Abstraktionsvermögen verfügen, und die Art, wie diese Erkenntnisse gewonnen und begründet werden, ist noch viel weniger Menschen zugänglich. Andererseits fühlen viele, daß die Physik nicht nur die Physiker angeht. Nicht nur in der Technik zeigt sich ihre Macht (sich bis zum grausigen Zerstören steigernd); auch die physikalischen Gedanken dringen in das allgemeine Denken ein. Darum wird heute viel von den Sätzen der Physik gesprochen, vieles mißverstanden, manches überschätzt, manches unterschätzt.

Bei dem Bemühen, die Beiträge fachwissenschaftlicher Erkenntnis der Physik zu allgemeiner Bildung aufzusuchen, stoßen wir zunächst auf den Beitrag zu unserem allgemeinen Bilde von der Natur, weiter aber auch auf den Beitrag zu der Einsicht in die Art, wie sichere Erkenntnis gewonnen wird und sich befestigt, schließlich auf den Beitrag zur Formung einer wissenschaftlichen Haltung. Meine Darstellung ist einseitig, da ich von der Physik ausgehe; die Betrachtung anderer Wissenschaften würde ebenso starke Beiträge zur allgemeinen Bildung erscheinen lassen.

## Physik und Naturbild

Zum Beitrag der Physik zum Naturbild gehört die Erkenntnis: In der Welt geht es natürlich zu; vieles ist berechenbar. Diese Möglichkeit der Berechnung hat ja zu der Beherrschung vieler Naturerscheinungen durch die wissenschaftlich gegründete Technik geführt. „Nichts geschieht von selbst, sondern alles infolge eines Grundes und unter dem Drucke der Notwendigkeit“, soll LEUKIPPOS gesagt haben. Die Vorstellungen der Antike über die Art dieser Notwendigkeit blieben aber recht allgemein. Eine sehr bestimmte Vorstellung, auf welche Art es natürlich in der Welt zuginge, machte man sich erst in der Neuzeit. Diese Vorstellung gründete sich auf ein Modell der Wirklichkeit, nämlich das mechanistische Naturbild, das sich nach der Geburt der abendländischen Physik im 17. und 18. Jahrhundert ausbildete.

Diese ganz bestimmte Vorstellung müssen wir genauer betrachten. In jener Zeit war die gedanklich geformte Physik eine Mechanik. Sie entstand in drei großen Schritten. Der erste war die Überzeugung, daß es eine einheitliche Mechanik gibt, zureichend für die Vorgänge am Himmel und auf der Erde – die Überzeugung KEPLERS, die die scharfe Scheidung der himmlischen Welt (als der vollkommenen, geordneten, unveränderlichen) von der irdischen aufhob. Der zweite Schritt war die mathematische Beschreibung einfacher idealer Bewegungen durch GALILEI und ihr Vergleich mit wirklichen Bewegungen. Der dritte war die Ausbildung eines Begriffssystems (Masse, Impuls, Kraft usw.), das zur Behandlung auch verwickelterer Bewegungen ausreichte, durch HUYGENS und NEWTON. Das so geschaffene Modell der Wirklichkeit war Mechanik, d. h. ein Versuch, die Veränderungen in der Natur zu erklären durch Bewegungen der Körper oder ihrer Teile. Diese Mechanik führt die Bewegungen zurück auf Kräfte, die ihrerseits wieder von der Anordnung der Körper abhängen. Das Musterbeispiel ist die Bewegung der Planeten. Sich selbst überlassen, liefe der Planet mit gleichbleibender Geschwindigkeit geradeaus; daß seine Bahn sich nach der Sonne hin biegt, bedeutet eine Änderung der Geschwindigkeit; sie ist durch die Anziehungskraft der Sonne verursacht, und die Größe dieser Kraft hängt vom Abstand des Planeten von der Sonne ab; diese Einwirkung wird noch etwas ergänzt durch die

Einwirkung der übrigen Planeten, die von deren Anordnung abhängt. Auf solche Weise bedingt (um zum allgemeinen zurückzukehren) der jeweilige augenblickliche Zustand des mechanischen Systems die Änderung dieses Zustandes und damit den Zustand im nächsten Augenblick, ein Sachverhalt, wie er in der „Differentialgleichung" verschärft wird. Bei vollständiger Kenntnis des augenblicklichen Zustandes läßt sich der zukünftige berechnen; die Zukunft erscheint durch die Gegenwart eindeutig determiniert. Dieser Zusammenhang erscheint lückenlos, erschöpfend und für jeden physikalisch Denkenden verbindlich.

Dieses mechanische Modell der Wirklichkeit bestimmte durch fast zwei Jahrhunderte das Naturbild. Viele glaubten, das Naturgeschehen nur als mechanischen Vorgang begreifen zu können, und sahen das Ziel der Naturwissenschaft, nicht nur der Physik, in der Zurückführung der Naturvorgänge auf mechanisch beschreibbare Bewegungen. Es hat nicht an Widerständen dagegen gefehlt, nicht nur vom Erlebnis menschlichen Schicksals in Leiden oder Schuld her, sondern auch von wissenschaftlicher Erkenntnis her, etwa in der Biologie (GOETHE) und Geschichte. Die einzelnen Züge dieses mechanistischen Naturbildes sind heute überholt; die daraus gewonnenen Überzeugungen sind zum Teil geblieben, zum Teil aber haben sie sich verschoben.

Die weiter fortschreitende Entwicklung der Physik führte zu der Überzeugung: es ist ein weiter Weg bis zu einem endgültigen Naturbild. Die Entdeckungen des 19. Jahrhunderts zwangen zu dieser Ansicht. Die Theorie der Elektrizität und des Magnetismus zeigte, daß das mechanistische Naturbild eine zu frühe Synthese war; daß viele Naturvorgänge nicht auf der Bewegung von Körper beruhen, sondern auf Veränderungen in einem „Feld", beschrieben durch Feldgrößen als Funktionen (im mathematischen Sinne) von Ort und Zeit. Eine Weile sah es so aus, als träte an die Stelle des mechanischen Naturbildes nun ein rein elektromagnetisches Naturbild der Physik. — Die Theorie der Wärme (um zu anderem überzugehen) fand zwar später eine mechanische Deutung durch die Bewegung der kleinsten Teile der Materie; aber ihre Hauptsätze gelten unabhängig von dieser Deutung. Theorie der Elektrizität und Theorie der Wärme waren Beispiele strenger und gut begründeter Theorien, die nicht

Mechanik waren. Sie zeigten, daß die Mechanik nicht der einzige Weg ist, die Natur begrifflich zu fassen.

Zusammen mit der Wärmelehre wurde der allgemeine Energiebegriff und der Satz von der Erhaltung der Energie erkannt. Begriff und Satz verknüpfen alle Zweige der Naturwissenschaft; sie werden heute auch von Laien richtig angewandt. Unter der Energieeinheit 1 kcal (Kilokalorie) oder der (860-fachen) Energieeinheit 1 kWh (Kilowattstunde) kann man sich etwas vorstellen, was in einem hochgehobenen Gewicht darin steckt (gegenüber dem nicht gehobenen) oder in einem bewegten Körper (gegenüber dem ruhenden), in einer bestimmten Menge Nahrung oder brennbarem Stoff, in einem heißen Körper oder in einer bestimmten Menge Strahlung, nämlich die diesen Beispielen gemeinsame Fähigkeit, Arbeit zu leisten. Bei einer Energieumwandlung geht eine bestimmte Energiemenge aus einer Form in eine andere über, zum Beispiel entspricht 1 kcal etwa dem Hinaufsteigen eines Menschen zwei Treppen hoch. Dabei hat aber die Wärme gegenüber den anderen Energieformen eine ungünstige Sonderstellung. Wärme kann sich nur dann in Arbeit verwandeln (etwa in einer Wärmekraftmaschine), wenn sie auf höherer Temperatur ist als die Umgebung; an dieser Umwandlung nimmt aber notwendig ein Teil der Wärme nicht teil, sondern fließt bei tieferer Temperatur als Wärme an die Umgebung ab und fällt damit für weitere Umwandlung aus. Um so mehr der anfänglich vorhandenen Wärme läßt sich in Arbeit verwandeln, je höher die Temperatur über der Umgebung ist. Eine bestimmte Energie ist also nicht nur durch die Energiemenge (in kcal oder kWh) gekennzeichnet, sondern noch durch einen Wertfaktor, entsprechend dem Anteil, der in Arbeit verwandelt werden kann. Wenn der Dampf in einer Dampfmaschine 120 °C hat, so ist der Wertfaktor der darin enthaltenen Wärme etwa 1/4; wenn der Dampf (in einer Dampfmaschine mit „Überhitzung“) 320° hat, so ist der Wertfaktor etwa 1/2. Die Temperatur an der Sonnenoberfläche ist so hoch, daß der Wertfaktor der in der Sonnenmaterie enthaltenen Wärme praktisch gleich 1 ist. Entsprechend hat die Energie in der Sonnenstrahlung praktisch den Wertfaktor 1. Elektrische Energie und mechanische Arbeit haben den Wertfaktor 1. Auch die Energie in den Lebewesen hat einen hohen Wertfaktor. Die Energie in der Kohle kann heute technisch nur über die Verbrennungswärme ausgenützt werden, hat also einen Wertfaktor, der der Temperatur entspricht, die beim Verbrennen erreicht wird.

Bei den vorkommenden Energieumwandlungen bleibt die Energiemenge erhalten, aber der Wertfaktor sinkt. Das Weltgeschehen erscheint als einsinnig ablaufender Prozeß; es gibt aber in der Welt noch viel Energie mit dem Wertfaktor 1, zum Beispiel in der Sonne. Das Leben auf der Erde ist auf diese hochwertige Energie angewiesen.

Statt der Größe, die ich hier Wertfaktor der Energie nannte, benutzt der Physiker lieber eine andere. Sie drückt etwa den Schaden aus, den man erleidet, wenn man eine hochwertige Energie (mechanische oder elektrische Energie) dazu benutzt, um einen Körper bei bestimmter Temperatur zu erwärmen; der Schaden ist bei hoher Temperatur gering und bei tiefer Temperatur groß. Er kann (in gewissem Sinne) gemessen werden, indem man die Energiemenge durch einen Faktor dividiert, der bei hoher Temperatur groß, bei tiefer Temperatur klein ist, und es hat sich gezeigt, daß dieser Faktor eine zweckmäßige Definition für die Temperatur (also „absolute" Temperatur) ist. — Nicht nur in der allgemeinen Überzeugung von der Erhaltung der Energie greift die Physik weit in das allgemeine Bewußtsein, auch bei der Erkenntnis der Rolle der Temperatur für den Wert der Energie.

Als vierter Beitrag der Physik zur allgemeinen Ansicht von der Natur und zu unserer ganzen Lebensstimmung sei die Veränderung in der Stellung des Menschen im Weltganzen erwähnt. Im geozentrischen Weltbild der Antike und des Mittelalters stand der Mensch im Mittelpunkt der Schöpfung; im heliozentrischen Weltbild wurde sein Platz bescheidener; im Weltbild der zahllosen Sterne wurde die Erde ein winziges Stäubchen; die heutige Ansicht von dem sich ausdehnenden Weltall zeigt auch das kosmische Geschehen als einen einmalig ablaufenden Prozeß.

Im mechanistischen Naturbild, das wir vorhin betrachteten, war der Versuch unternommen worden, die Mannigfaltigkeit des Naturgeschehens mit Hilfe weniger Begriffe und weniger Grundgesetze zu verstehen. Neben dieser Strömung lief eine andere, schon aus der griechischen Philosophie stammende, der von der „Atomistik" unternommene Versuch, die Mannigfaltigkeit der Stoffe auf wenige Arten von Grundbausteinen zurückzuführen. Zunächst lange Zeit ein Programm ohne Durchführung ins einzelne, erhielt die Atomistik im 19. Jahrhundert bestimmtere Form durch die von der Chemie aufgestellten Gesetze über chemische Verbindungen, die in einfacher Weise durch das Zusammentreten von Atomen zu Molekeln (später auch zu Kristallgittern) verstanden werden konnten. Immerhin gab es danach noch so viel Atomarten, als es chemische Elemente gab. Die neuere experimentelle Physik gab nun (seit Ende des 19. Jahrhunderts) die Möglichkeit, an den Bau des Atoms selbst forschend heranzugehen, und die gedankliche Durchdringung dieser Untersuchungen ergab anscheinend zunächst nur zwei, später nur drei Arten von Grundbausteinen, die Protonen und Neutronen (aus denen der Atomkern besteht) und die Elektronen (die die Atomhülle bilden).

Diese gewaltige Vereinfachung des Naturbildes, die viele Träume früherer Naturforscher zu erfüllen schien, wurde aber eingeschränkt durch die Erkenntnis, daß der Bau der Atome aus den Grundbausteinen nicht im bisherigen Sinne des Wortes Bau verstanden werden kann. Diese Erkenntnis geschah mit dem Verständnis der Quantentheorie.

Diese Quantentheorie verspricht ganz wesentliche Beiträge zum allgemeinen Denken zu geben. In ihr vollzieht sich eine Selbstbegrenzung der bisherigen Physik und das Hinausschreiten über die alten Grenzen mit neuen Denkmitteln. Voraussetzungen, die man stillschweigend machte (und die man bei Besinnung als selbstverständlich ansehen mußte), erwiesen sich als in Wirklichkeit nicht zutreffend. So war es in der Mechanik eine stillschweigend gemachte Voraussetzung, daß Ort und Geschwindigkeit eines Körpers in jedem Augenblick bestimmte Werte hätten (auch wenn man sie nicht durch Messungen feststellte) und daß die Bewegungen der Körper anschaulich in Raum und Zeit beschreibbar wären. Dieses trifft aber nicht zu.

Ich kann hier natürlich nur wenige Hauptpunkte der Quantentheorie ohne nähere Begründung hervorheben. Ein wesentlicher Zug ist das Nebeneinanderbestehen zweier Bilder von der Materie. In dem einen, experimentell und gedanklich gut begründeten Bilde besteht die Materie aus Elementarteilchen (Protonen, Neutronen, Elektronen); in dem anderen, experimentell und gedanklich ebenso gut begründeten Bilde stellt die Materie ein Feld dar, das in besonderen Fällen die Form einer Welle hat. Einzeln lassen sich die beiden Bilder anschaulich durchführen. Jedes der anschaulich durchgeführten Bilder wird für einen bestimmten Bereich durch die Erfahrung bestätigt, aber für andere Bereiche steht die Erfahrung im Widerspruch zu ihm. Auch das eine Bild widerspricht dem anderen, wenn man die anschauliche Vereinigung fordert. Die Gültigkeit des anschaulichen Teilchenbildes wird begrenzt durch die Feldeigenschaften der Materie, und die Gültigkeit des anschaulichen Feldbildes wird begrenzt durch die Teilcheneigenschaften der Materie. Mit den nicht mehr anschaulichen Begriffen der Quantentheorie läßt sich die gegenseitige Begrenzung exakt erfassen, und es lassen sich die Vorgänge exakt beschreiben, bei denen Teilchen und Feldeigenschaften vereint beachtet werden müssen. Mit den neuen Begriffen treten die erwähnten Widersprüche nicht mehr auf. Einen Grund, die Widersprüche in die Natur selbst zu verlegen, kann der Physiker aus der „Komplementarität" von Teilchenbild und Wellenbild nicht herleiten. Vielmehr entnimmt er aus ihr, daß die Begriffe des anschaulichen Teilchenbildes und des anschaulichen Wellenbildes vorläufige Begriffe sind, die zu den Begriffen der Quantentheorie verschärft werden müssen. Ein auf früherer Denkstufe mit unvollkommenen Begriffen auftretender Widerspruch löst sich, wenn man die höhere Denkstufe mit den feineren und offenbar der objektiven Wirklichkeit besser angepaßten Begriffen ersteigt.

In der geschichtlichen Entwicklung ist dieses „Verstehen" der Quantenerscheinungen durch die „Komplementarität" von Teilchenbild und Wellenbild übrigens erst erfolgt, als die mathematische Fassung der Sätze schon völlig bekannt war. Es wurde also nicht etwa zu einem Teilchenbild als „Thesis" und einem Wellenbild als widersprechende „Antithesis" die „Synthesis" gesucht. Die Forschung ging vielmehr recht verschlungene Wege.

Mit dem Wegfall des Axioms, daß Örter und Geschwindigkeiten der Körper bestimmte Werte hätten, fällt auch die vollständige Determinierung der Zukunft durch die Gegenwart hin. Die bei KANT ausgesprochene Antinomie zwischen der Notwendigkeit, letzte unteilbare Bausteine der Materie, „Atome", zu denken, und der anderen Notwendigkeit, diese Atome mindestens in Gedanken zu zerlegen, hat sich in sehr schöner Weise gelöst. Das Atom (im Sinne der modernen Chemie und Physik) ist der unterste Baustein, aus dem man die Materie noch (genähert) im anschaulichen Sinne des Wortes zusammengesetzt denken kann; dagegen ist der Bau des

Atomes aus Kern und Elektronen nicht mehr im anschaulichen Sinne des Wortes gemeint. Der Bau des Atoms aus seinen Bausteinen hat nur noch eine gewisse gröbere Ähnlichkeit mit dem Bau eines Hauses aus Steinen.

Auch die Frage nach dem Verhältnis von Chemie und Physik erfuhr eine Antwort. Kann man die Vorstellungen und die Gesetze der Chemiker über den Bau der Stoffe aus den allgemeinen Begriffen und Sätzen der Physiker herleiten? Diese Frage ist vermutungsweise mit ja und mit nein beantwortet worden. Die Quantentheorie hat überraschenderweise beiden Antworten recht gegeben. Es ist jetzt klar, daß die Vorstellungen der Chemie im Widerspruch stehen zu den Vorstellungen der „klassischen", d.h. vorquantentheoretischen Physik; es ist aber auch klar, daß die um die Quantentheorie erweiterte Physik die Begriffsbildung der Chemie mit enthält.

In anderen Wissenschaften haben sich Verhältnisse gezeigt, die der Komplementarität des Teilchenbildes und Wellenbildes oder der Antinomie der Atomistik oder dem Verhältnis von Chemie und Physik sehr ähnlich scheinen. Man wird nicht gleich erwarten, daß die Schwierigkeiten sich ähnlich wie in der Physik oder gar mittels der Quantentheorie lösen lassen. Aber die Quantentheorie mit ihren strengen und klaren Begriffen kann sicher Vorbild sein.

## Physik und Erkenntnislehre

Nach den Beiträgen der Physik zum Naturbild haben wir die Beiträge zu einer Lehre von der wissenschaftlichen Erkenntnis zu betrachten. In der Physik lag unanfechtbare, auf Erfahrung und mathematisches Denken begründete Erkenntnis vor (wie ist solche wissenschaftliche Erkenntnis möglich, war die von KANT gestellte Frage). Die Entwicklung der Physik zeigte Wege, auf denen sich das Denken erweiterte. Insbesondere zeigte die Entwicklung von der klassischen Physik zur Quantentheorie, daß es eine Illusion ist, von festbegründeten endgültigen Voraussetzungen ausgehen zu können. Vielmehr muß das Denken irgendwo in der Mitte beginnen, sich dort in enger Anlehnung an die Erfahrung seiner Gültigkeit versichern und dann nach beiden Seiten fortschreiten, in der einen Richtung die Grundlagen erweiternd, nach der anderen Richtung in die Anwendungen gehend. In der Physik gibt es vollendete Theorien, wie etwa die Mechanik, die Thermodynamik, die Elektrodynamik, die (spezielle) Relativitätstheorie und die Quantentheorie. Die Weiterentwicklung geschieht nicht etwa so, daß diese Theorien eines Tages als falsch erkannt werden, sondern so, daß Fälle gesehen werden, auf die ihre Voraussetzungen nicht mehr genau zutreffen. So vereinen sich Vollendung von Theorien mit Weiterschreiten der Wissenschaft.

Die physikalische Erkenntnis macht das Verhältnis von Modell der Wirklichkeit und Wirklichkeit selbst besonders deutlich. Wichtig war die Erkenntnis, daß man über idealisierte Gegenstände sichere Aussagen machen konnte. Dabei konnte die experimentelle Untersuchung immer Rechenschaft geben, wieweit sich die Idealisierung von der Wirklichkeit entfernte. Auch die in der Physik benutzten Begriffe sind Grenzbegriffe: Massenpunkt, Kontinuum, Gleichgewichtszustand usw. In der Physik kommen aber Grenzbegriff und Wirklichkeit einander sehr nahe. In anderen Wissenschaften ist die Entfernung größer: Der Chemiker kennt z. B. die Grenzbegriffe der polaren oder Ionenbindung und der nichtpolaren Bindung; die Wirklichkeit liegt meist irgendwo dazwischen. Die Wirtschaftswissenschaft führt den Grenzbegriff des rein wirtschaftenden Menschen ein; sie darf dabei nicht vergessen, daß in der wirklichen Welt auch geliebt und gehaßt, an Gott geglaubt und Gewalt angewandt wird.

Mit seinen Begriffen und Sätzen will der Physiker eine objektive Außenwelt beschreiben. Die Überwindung der klassischen Physik durch die Quantentheorie hat mit Sicherheit gezeigt, daß diese objektive Welt nicht die Eigenschaften hat, die ein in Raum und Zeit anschaulich bis ins einzelne beschreibbares physikalisches System besitzt.

Unsere Sprache dient zunächst den Bedürfnissen des täglichen Lebens. Mit fortschreitender geistiger Bewältigung der Umwelt nimmt sie aber neue Worte auf und gibt alten Worten neue oder schärfere Bedeutung. Manche physikalische Erkenntnis ist in die Sprache übergegangen oder hat die Sprache verschärft. „Lot“ oder „Waage“ finden sich in alltäglichen Worten. Für die „Schwingung“ gibt die Physik einen Idealfall an [$x = a \cdot \cos(\Omega t + \alpha)$]. Mit dem Begriff der „Polarität“ versucht der orientierende Geist viele allgemeine Merkmale des Geschehens sich mehr oder weniger zugänglich zu machen. Die Physik gibt Beispiele für verschiedene scharfe Bedeutungen dieses Wortes: Der positive und negative Pol eines Magneten (oder des Feldes einer vom elektrischen Strom durchflossenen Spule) unterscheiden sich nur wie die rechte und die linke Hand; das Wesentliche der Polarität besteht hier nur in der gegenseitigen Beziehung (bei „Spiegelung des elektromagnetischen Geschehens" wird positiv und negativ vertauscht). Positive und negative elektrische Ladungen sind in ihren materiellen Begleitumständen verschieden (beim Reiben von Glas mit Katzenfell wird das Glas positiv elektrisch; in einem galvanischen Element ist der positive Pol an einen bestimmten Stoff gebunden; der schwere Atomkern ist positiv, die leichten Elektronen im Atom sind negativ geladen – bei Spiegelung des elektromagnetischen Geschehens bleibt positive Elektrizität positiv); die Verschiedenheit zeigt sich im Vorzeichen der chemischen Wertigkeit wieder und ist grundlegend für das chemische Verhalten der Stoffe. Eine spezielle Form der „Polarität", ins Abstrakte gesteigert, zeigt die quantentheoretische „Komplementarität" zwischen zwei Größen, die prinzipiell nicht gleichzeitig genau gemessen werden können.

Wenn ich von den Beiträgen der Physik zur allgemeinen Bildung sprach, so sollte die Physik nur Beispiel sein. Andere Wissenschaften könnten mit ähnlichen Betrachtungen aufwarten. So gibt etwa die Zoologie einen Beitrag zu der Frage: was ist der Mensch, indem sie einmal seine Zugehörigkeit zur Tierwelt, zum anderen seine Sonderstellung mit wissenschaftlichen Mitteln bezeugt. Die Geschichte als Schauplatz menschlicher Größe und menschlicher Niedertracht zeigt die Bindung an die gleichbleibende Natur des Menschen und an die technischökonomische Entwicklung, aber auch die von kraftvollen Einzelnen ausgehenden Anstöße.

Die Beiträge der einzelnen Wissenschaften zum allgemeinen Bewußtsein liegen zum Teil in verschiedenen Ebenen. Die Beiträge der Physik sind irgendwie diesseitig gerichtet. Sie verdecken leicht andere Tatsachen unseres Daseins, den Tod, die Angst. So bedürfen sie der Ergänzung von anderer Seite.

## Physik und Haltung

Die betrachteten Beiträge der Physik zu einer allgemeinen Bildung waren Beiträge zu einer irgendwie inhaltlich faßbaren allgemeinen Erkenntnis. Ernsthafte wissenschaftliche Arbeit führt aber auch zu einer wissenschaftlichen Haltung, zu einer besonderen Art des persönlichen Verhaltens. Sie ermöglicht ein Denken unter zeitweiliger Aufhebung der eigenen Wünsche, unter Absehung vom jeweiligen eigenen Willen. Nur so besteht Hoffnung, ungetrübt die Wirklichkeit zu erkennen. Zu dieser Haltung gehört auch die Unbefangenheit des Denkens, das nicht auf eine bestimmte Linie festgelegt ist, sondern offen für die noch nicht bekannte Wirklichkeit. Diese Haltung scheut sich vor zu frühen Synthesen. Sie erwägt stets die Möglichkeit, daß der eigene Standpunkt falsch sei; sie ist vorsichtig gegenüber endgültigen Behauptungen.

Mathematik und Physik sind Wissenschaften, die ohne viel Lebenserfahrung, also in jugendlichem Alter getrieben werden können. Der Schüler einer Prima, der sich selbst eigene Fragen stellt und beantwortet, tut etwas, was nur dem Grade nach, nicht der Art nach verschieden ist von der Tätigkeit des Forschers. Darin liegt die besondere Bedeutung der genannten Fächer für den Schulunterricht.

In der Physik ist es verhältnismäßig leicht, eine Sache von Grund auf kennenzulernen. Wenn man eine Sache von Grund auf kennt, kann man abschätzen, was wichtig ist. Man lernt objektive Tatsachen von Wunschgebilden [zu] unterscheiden. Man schärft seinen Blick auch für das Wichtige und für das Wahre in den Gebieten, auf denen man die Verantwortung andern überlassen muß. Da Mathematik und Physik verhältnismäßig leicht wissenschaftliche Arbeiten ermöglichen, dürften sie auch besonders berufen sein, an einer wissenschaftlichen Haltung und ihrer Ausstrahlung mitzuwirken.

Der Blick auf die Beiträge der Physik zur allgemeinen Bildung hat wohl gezeigt, daß diese Wissenschaft und die Naturwissenschaft überhaupt nicht am Rande der Universität steh[en], sondern mit im geistigen Zentrum der Hochschule. Physikalische Forschung reicht an ihren vorgeschobenen Stellen heute dahin, wo Humanismus und Realismus sich zu verbinden anfangen. Und ich glaube, das gilt nicht nur von der Physik. Auch andere

Wissenschaften führen wohl zu der Erkenntnis: Es gibt eine Formung des geistigen Menschen, eine allgemeine Bildung im tiefen Sinne, durch Fachwissenschaft hindurch. Durch die Fachausbildung hindurch dient die wissenschaftliche Hochschule am besten der allgemeinen Bildung, so bleibt sie im Einklang mit ihren besten Traditionen. So wird eine Halbbildung, zu der jede andere allgemeine Bildung leicht führt, vermieden. Die allgemeine Bildung steht dann nicht am Anfang des Studiums (etwa mit Hören von Vorlesungen über Philosophie, Geschichte, Wirtschaftswissenschaft usw.), das Studium führt vielmehr zu ihr hin. Der Weg ist mühsam, aber wohl lohnend.

Wir Hochschullehrer haben uns zu prüfen, ob und wie wir diesen Weg zur allgemeinen Bildung der Jugend gehen können. Wir dürfen an der Gründlichkeit der Fachausbildung nicht nachlassen, wir müssen aber ihren wesentlichen Gehalt zur Geltung bringen. Wir müssen und dürfen, vielleicht in seltenen Stunden, mit Zurückhaltung und Verantwortungsgefühl das durchscheinen lassen, was für uns hinter den einzelnen Fachergebnissen steht und woran diese rühren. Damit dieser Weg wirklich zur Bildung führt, sind wir darauf angewiesen, daß die Jugend von der Wissenschaft gepackt wird. Wir können ihr die wissenschaftliche Haltung vorleben und zu einer Auslese derer beitragen, denen sie zugänglich ist.

Kehren wir von der Universität wieder zur Wissenschaft zurück. Sie wirkt nicht nur über die Technik auf unser Dasein, sondern auch durch ihre allgemeinen Ergebnisse auf das geistige Bewußtsein der Menschheit. Gewiß wird auch in Zukunft gegliederte Einzelforschung betrieben werden müssen. Aber es gibt auch vielversprechende Hinweise für eine umfassendere Wissenschaft als die bisher bekannte. Die Physik hat ihre bisherige Grenze mit ihren eigenen Mitteln festgestellt und ist dabei, mit neuen Denkmitteln über diese Grenzen hinausschreitend zu einer umfassenderen Wissenschaft zu werden. Ich glaube, nicht nur die Physik ist in dieser Lage. Wir sehen heute allenthalben Fachwissenschaften dabei, in strenger Weise ihre Grenzen abzustecken um mit neuen Begriffsbildungen sie zu überschreiten, zu einer umfassenderen Wissenschaft durchstoßend.

## Anmerkung

1 *Physik und allgemeine Bildung. Rede zur Jahresfeier der Friedrich-Schiller-Universität Jena am 26. Juni 1948 gehalten von F. Hund, dem Rektor der Universität.* Jenaer Akademische Reden, Heft 31. Gustav Fischer, Jena **1949**.

# 5

# „Theoretische Physik war diffamiert“

## Ein Gespräch mit Friedrich Hund

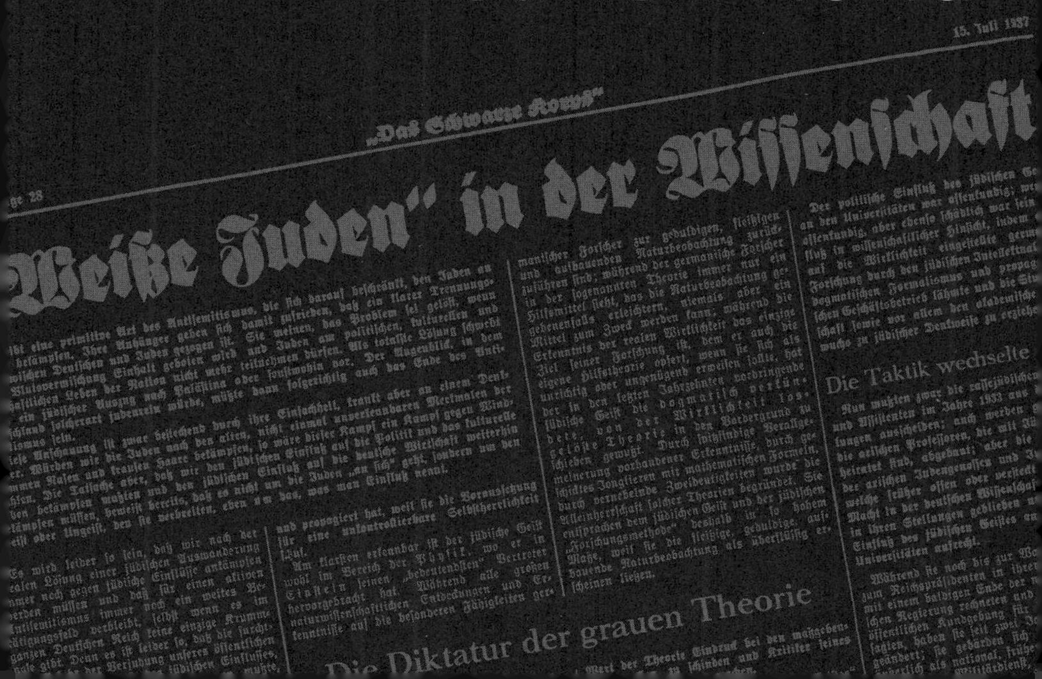

*„Wir wissen viel zu wenig von den Grundlagen der Physik, und wichtige Probleme sind völlig ungelöst.“*

— Friedrich Hund



Friedrich Hunds langer Weg nach Göttingen

›<https://doi.org/10.47261/1577-5>

## Von Michael Schaaf

Das folgende Gespräch mit Friedrich Hund führte Michael Schaaf 1994 in Göttingen. Darin blickt Hund auf seinen wissenschaftlichen Werdegang zurück, schildert seine Begegnungen mit prägenden Persönlichkeiten der Physik wie Max Born, James Franck, Werner Heisenberg und Albert Einstein und reflektiert über zentrale Stationen seines Lebens zwischen Weimarer Republik, Nationalsozialismus, Kriegsende und Nachkriegszeit. Im Mittelpunkt stehen dabei die Entwicklung und politische Einflussnahme auf die theoretische Physik in Deutschland und Hunds persönliche Erfahrungen und Einschätzungen zur wissenschaftlichen und universitären Entwicklung vor und nach 1945.[1]

SCHAAF: Herr Professor Hund, können Sie einmal erzählen, wie Sie zur Physik gekommen sind?

HUND: Mich hat auf der Schule eigentlich in erster Linie die Mathematik interessiert. Aber in der Physik konnte man sie anwenden. Der dort an der Wand hängt, das ist mein Physiklehrer, dem verdanke ich sehr viel.[2] Ich war als Schüler ein bisschen sein Assistent. Ich habe den Physikunterricht von der anderen Seite des Experimentiertisches erlebt, und auch in den Universitätsferien habe ich immer im Schullaboratorium mitgearbeitet. Das [weitere] war dann gegeben. Studiert habe ich theoretische Physik kaum, die gab es nicht recht. Als ich Examen machte, wurde ich natürlich nicht nach Quanten gefragt. Die theoretische Physik habe ich eigentlich erst von Born gelernt, also durch die Promotion und nach der Promotion. Aber ich bin erst relativ spät offiziell zur theoretischen Physik gekommen. Zunächst habe ich das Staatsexamen gemacht und war dann ein Jahr an einem Göttinger Gymnasium als Studienreferendar. Dort hatte ich noch ein bisschen Zeit nebenbei, um in das Seminar von Born und Franck zu gehen. Promoviert habe ich erst in diesem Referendariat. Aber das war Nachkriegszeit, und das waren keine normalen Verhältnisse.

## Das Göttinger „Mekka der Physik"

SCHAAF: Im Gegensatz zum Zweiten Weltkrieg, der ja für die Physik in Deutschland einen großen Einschnitt bedeutete, nahm das „Goldene Zeitalter der Physik" nach dem Ersten Weltkrieg fast ungebrochen seinen Fortgang. Persönlichkeiten wie Einstein, Planck und Sommerfeld forschten und lehrten ja weiterhin in Deutschland nach dem Ersten Weltkrieg. Die Physik wurde bald durch junge begabte Nachwuchswissenschaftler wie Wolfgang Pauli, Werner Heisenberg, Pascual Jordan und nicht zuletzt auch durch Sie, Herr Professor Hund, bereichert. Welchen Anteil an der Förderung des Physikernachwuchses hatte die erst 1920 gegründete „Notgemeinschaft der Deutschen Wissenschaft"?

HUND: Das ist schwer zu beurteilen. Die Ursache der Gründung waren natürlich die unzureichenden Etats der Institute. Da musste eine Ergänzung geschaffen werden. Sie war übrigens nicht die einzige. Sie hieß zuerst „Notgemeinschaft Deutscher Wissenschaft und Technik". Später hat sie ihren Namen geändert. Es gab noch die Helmholtz-Gesellschaft, von der ich auch einmal ein bisschen Geld bekam. Dann gab es das Kaiser-Wilhelm-Institut für Physik, was ja kein wirkliches Institut war, sondern nur ein Geldbeutel, von Einstein verwaltet. Da gab es Hilfen. Aber man kann die Frage nicht so stellen. Wissenschaftlichen Einfluss nahm sie gar keinen. Sie unterstützte Vorhaben, die sie für wichtig hielt und die ihr als wichtig empfohlen wurden. Das war also eine finanzielle Ergänzung. Wissenschaftlichen Einfluss, etwa auf die Themenwahl, hat sie keinen genommen, auch unter Einstein nicht.

SCHAAF: Göttingen wurde in den 20er Jahren so etwas wie ein „Mekka der Physik".

HUND: Ja, das ist natürlich ein bisschen Legende. Aber es ist schon etwas daran, auch in der Auswahl der Studenten. Die Studenten waren früher wahrscheinlich freizügiger als sie es heute sind und wechselten häufiger die Universität. Nach Göttingen ging einer, der sich etwas zutraute und der glaubte, ein etwas schwereres Examen in Kauf nehmen zu müssen. Aber das war es ja gar nicht. Die Universitäten waren viel stärker differenziert als heute. Es gab Universitäten, die man für schwer hielt. Die Universitäten hatten bestimmte Fächerschwerpunkte, und Göttingen war nun einmal, mindestens seit Felix Klein, oder anders ausgedrückt, nach Carl Friedrich Gauß, eine erstklassige Stelle für Mathematik und Physik. Aber Sie denken an die Zwanzigerjahre; da waren Born, Franck und Pohl. Diese Konstellation ist im Jahre 1921 gebildet worden. 1920 ging Debye weg nach Zürich. Der Nachfolger wurde dann Born. Born fand heraus, dass eigentlich noch eine freie Stelle da sein müsste. Darauf gingen die Fakultät und das Ministerium auch ein und schlugen Franck vor. Die Fakultät war einverstanden. Pohl war bisher ordentlicher Professor. Er war im Kriege, hatte eine Kriegsaufgabe und kam erst 1919 nach Göttingen zurück, wo er vor allem die Experimentalphysik vertrat. Er wurde mit seiner Stelle als gleichberechtigt mit den anderen verankert. So dass man sagen kann, seit April 1921 gab es die drei ordentlichen Professoren der Physik: Born, Franck und Pohl.

SCHAAF: Insbesondere der Theoretiker Max Born war es, der auch eine beeindruckende Zahl von zum Teil später berühmten Schülern nach Göttingen holte.

HUND: Born wurde vielleicht der bekannteste. Franck hatte aber auch beachtenswerte Schüler gehabt. Zwischen Born und Franck auf der einen Seite und Pohl auf der anderen Seite waren die Beziehungen dünner. Das heißt, sie vertrugen sich gut, aber kümmerten sich wissenschaftlich nicht so sehr umeinander. Die Studenten von Franck gingen natürlich zu Born und die von Born gingen zu Franck, aber die von Pohl nicht so ohne weiteres zu den anderen. Das Arbeitsgebiet hatte nicht so engen Kontakt.

SCHAAF: Franck war der Experimentator.

HUND: Ja, Franck hatte einen Lehrstuhl für Experimentalphysik, und er experimentierte selber noch eine Weile. Nachher war er sehr unglücklich, dass er als Institutsdirektor nicht mehr zum eigenen Experimentieren kam. Aber er hatte einen seiner Doktoranden in seinem speziellen Laboratorium wieder sitzen. Wieweit sind Ihnen die Mitarbeiter von Franck und Born bekannt?

SCHAAF: Bei Born natürlich Namen wie: Dirac, von Neumann, Goeppert-Mayer, Oppenheimer …

HUND: Das ist ja alles später.

SCHAAF: Ja, die kamen Ende der 20er Jahre.

Hund: Am Anfang war Pauli eine Weile da.

Schaaf: Jordan?

Hund: Später. Erst war Pauli eine Weile da. Born hatte unter anderem das Arbeitsgebiet Gittertheorie, also die Kristallgitter und der Einfluss des Gitterbaues auf die elastischen, optischen und sonstigen Eigenschaften, auch mit ihren Anisotropieverhältnissen.

Schaaf: Wie war Born als Mensch und als Lehrer? War er ein zugänglicher Mensch?

Hund: Er war etwas spröde, im Gegensatz zu Franck. Ich habe einmal im Scherz folgende Charakteristik gegeben: Den Pohl haben seine Mitarbeiter gefürchtet, den Born haben seine Mitarbeiter geachtet, und den Franck haben seine Mitarbeiter geliebt. Das ist natürlich ein bisschen zugespitzt. Franck war in seiner ganzen Persönlichkeit offener und zugänglicher. Franck hatte auch die Gewohnheit, wenn er über irgendein Problem nachdachte und nicht zurechtkam, dann ging er auf dem Korridor herum und suchte sich einen Theoretiker. Wenn er einen fand, unterhielt er sich mit ihm, das heißt er redete im Wesentlichen auf ihn ein, machte ihm seine Ideen klar und glaubte, dass er dann mit Hilfe dieses Mitarbeiters seine Ideen geklärt hätte. Das war Francksche Art. Born war verschlossener in diesem Punkte. Er redete über seine Sachen erst, wenn er etwas klarer darüber war und, wie gesagt, persönlich spröder. Ich bin mit ihm ja gut bekannt geworden. Ich war fünf Jahre sein Assistent, und im Alter haben wir uns noch oft getroffen. Es war eigentlich eine gewisse Freundschaft.

Schaaf: Im Sommer 1922 kam der „Vater der Atomphysik", wie er manchmal genannt wird …

Hund: Niels Bohr.

Schaaf: … zu einer Vortragsreihe …

Hund: Ja, ja, aber da gibt es wahrscheinlich eine Falschmeldung. Tatsache ist, dass im Sommer – Juni – 1922 Niels Bohr ungefähr zwei Wochen in Göttingen war. Am Montag, Dienstag und Mittwoch trug er vor – zwei Wochen lang, und dann kam er noch am Donnerstag dazu. Es waren, glaube ich, im ganzen sieben Vorträge. Der Inhalt der Vorträge ist nicht ganz zuverlässig bekannt. In „Bohrs Werken mit Erläuterungen" ist die Nachschrift von Rudolph Minkowski. Das ist keine wörtliche Nachschrift, sondern eher eine Ausarbeitung. Ich habe manches in etwas anderer Erinnerung, aber ich kann mich auch täuschen. Ich glaubte damals mehr Ähnlichkeit der Göttinger Vorträge mit einem ein paar Monate vorher in Berlin gehaltenen Vortrag – natürlich kürzer – in Erinnerung zu haben. Ganz zuverlässig ist das natürlich nicht. Festzustellen ist das auch nicht mehr. Eine weitere Falschmeldung ist wahrscheinlich das Wort „Wolfskehl". Ich glaube, das steht in der Bohr-Ausgabe und heißt, dass die Vorträge durch Geldmittel aus der Wolfskehl-Stiftung finanziert wurden. Die bestand ja darin, für den Beweis des großen Fermatschen Satzes einen Betrag von 100.000 Mark zu bieten, was damals eine ungeheure Summe war. Der Satz wurde damals nicht bewiesen. Ob er heute bewiesen worden ist, ist, glaube ich, noch nicht ganz gesichert.[3] So dass also das Kapital dalag. Damals, in den Jahren vor der Inflation, brachte ein Kapital ja auch Zinsen. Die wurden dann für gewisse Vorträge verwandt. Ich bin der Sache etwas nachgegangen. Die Wolfskehl-Stiftung wurde von der Akademie verwaltet, doch in den Akademieakten habe ich nicht das Geringste darüber gefunden. Nun ist das noch nicht so aufregend. 1922 war schon weitgehend die Inflation, aber sie war noch nicht so stark, dass man das Geld einfach ausgab, ohne es aufzuschreiben. Im Sommer und Herbst 1923 war die Inflation schon soweit, dass Waschkörbe von Papierscheinen vergeben wurden für irgendetwas; das hat dann niemand mehr notiert. Ich halte es also für unwahrscheinlich, dass die Wolfskehl-Stiftung daran beteiligt war. Wichtig ist das natürlich nicht. Wer es eigentlich finanziert hat, das wissen wir nicht. Es gab staatliche Mittel für Gastvorträge, aber das ist nicht mehr aufklärbar.

SCHAAF: Während der Vortragsreihe war es dann auch, dass der damals erst 21-jährige Werner Heisenberg in der Diskussion nach einem der Vorträge Einwände vorbrachte.

HUND: Ja, das fiel natürlich auf.

SCHAAF: Wie reagierte Bohr darauf?

HUND: Bohr merkte sofort, dass da etwas dahinter war. Er war nicht einverstanden damit. Er war gar nicht einverstanden. Heisenberg fand aus der Analyse der anomalen Zeeman-Effekte die halben Quantenzahlen, dass man also die Zeeman-Effektterme nur verstehen konnte mit den Quantenzahlen $1/2$, $3/2$, $5/2$ usw. Und er hatte ein Modell, das besagt, wenn man von einem Atom zu dem Atom mit der nächsten Nummer übergeht, dass dann ein Elektron hinzukommt. Von diesem Drehimpuls geht dann so ungefähr die Hälfte in das innere System. In Wirklichkeit war es viel weniger. Das Modell war völlig falsch. Von so einem Modell ging Heisenberg aus; aber er bekam die richtigen Werte für die Zeeman-Effekte. Also, er war nicht einverstanden, merkte aber natürlich sofort, dass da was dahintersteckte. Das steht bei Heisenberg selbst wohl richtig in „Der Teil und das Ganze". Beim Spaziergang auf dem Hainberg unterhielten sie sich, und in Bohr wuchs natürlich der Wunsch, den Heisenberg irgendwie als Mitarbeiter zu bekommen. Gleichzeitig bemerkte Born, der ihn ja vorher nicht kannte, diesen begabten jungen Mann und holte ihn für das kommende Semester nach Göttingen. Heisenberg blieb eigentlich noch etwas länger da. Im Sommer 1922 waren die Vorträge, im Oktober 1922 wurde ich Assistent bei Born und gleichzeitig – aus privaten anderen Mitteln – Heisenberg.

SCHAAF: Damals gab es doch eigentlich nur eine Assistentenstelle in der theoretischen Physik?

HUND: Es gab eine Assistentenstelle, die hatte vor mir Erich Hückel. Der ging nach Zürich, und dann bekam ich sie. Wir hatten noch private Mittel, vielleicht auch aus der „Notgemeinschaft", das weiß ich nicht mehr genau. Es war ja schon wieder Inflation. Das waren keine geordneten Verhältnisse damals. Jedenfalls ist Heisenberg im Winter 1922/23 in Göttingen gewesen, im Sommer 1923 in München zur Promotion und im Winter 1923/24 wieder in Göttingen. Dann mal wieder in Kopenhagen. Es gibt von einem der Kopenhagener eine Übersicht über die damaligen Gäste in Kopenhagen.

## Leipzig als neue Wirkungsstätte

SCHAAF: Sie sind dann Ende der 20er Jahren nach Leipzig gegangen?

HUND: Ich bin von 1922 bis 1927 planmäßiger Assistent des Institutes für theoretische Physik bei Born gewesen. Ein Semester war ich nach Kopenhagen beurlaubt, das war im Winter 1926/27. 1927 bekam ich die Berufung nach Rostock und bin erst 1929 nach Leipzig gegangen.

Nun zu anderen Personen wie Jordan. Jordan war jünger als ich und tauchte als Mitarbeiter auf. Das steht alles bei Born im Briefwechsel mit Einstein – mit kleinen Fehlern. Sie müssen natürlich wissen: Jugenderinnerungen alter Männer sind keine treue Geschichtsquelle. Das sehen Sie auch bei Heisenbergs „Der Teil und das Ganze", wo Sie vorsichtig sein müssen, ob es richtig ist.

SCHAAF: Haben Sie Albert Einstein einmal kennengelernt?

HUND: Ja. Damals sind wir von Leipzig aus mit dem Seminar manchmal nach Berlin – sozusagen als Exkursion – gefahren, und in dem Mittwochseminar war Einstein da.

SCHAAF: Als was für einen Menschen haben Sie ihn empfunden?

HUND: Er war als Physiker schon ein bisschen entrückt, er war schon zu sehr in die Politik geraten. Sonst persönlich sind wir nicht näher getreten. Aber er hat mich freundlich behandelt. Die Beziehungen zwischen Einstein und Göttingen waren nicht sehr eng.

SCHAAF: War er einmal hier?

HUND: Ich habe ihn jedenfalls hier nie getroffen. Aber vorher, zwischen Hilbert und Einstein, sagen wir mal um 1913/14 bei der Allgemeinen Relativitätstheorie, vielleicht. Hilbert hatte die Allgemeine Relativitätstheorie ja auch ungefähr gefunden, aber nicht viel daraus gemacht. Wiechert war sehr zurückhaltend gegen Einstein. Aber das war entweder während des Ersten Weltkrieges oder vorher noch.

SCHAAF: Ende der 20er Jahre, Anfang der 30er Jahre zeichnete sich der Stimmungsumschwung in Deutschland mit dem Aufkommen der Nationalsozialisten ab. Und spätestens mit der Machtergreifung Ende Januar 1933 begann der Exodus der Physiker jüdischer Abstammung.

HUND: Ja, es gab im April 1933 das „Gesetz zur Wiederherstellung des Berufsbeamtentums". Davon wären sowohl Franck als auch Born nicht betroffen gewesen. Aber Franck trat von seinem Amt zurück, was damals großes Aufsehen erregte. Born ließ sich dann beurlauben. Das waren also mehr Schwebezustände. Sie bekamen auch Gehalt während des Urlaubes. Wenn Born und Franck eine Vorlesung gehalten hätten, wäre die gestört worden durch politische Trupps, und die Studenten hätten dann Klamauk gemacht. Deshalb hielten sie erst gar keine Vorlesungen mehr und ließen sich einfach beurlauben. Der Rektor wusste auch nicht, was er machen sollte in dieser Lage. So kam es, dass eine Weile dieser Schwebezustand bestand, bis sie endgültig emigrierten. Born war im Sommer 1933 irgendwo in Südtirol, bis er dann nach Kopenhagen und London ging.

SCHAAF: Sie waren zu dieser Zeit in Leipzig?

HUND: Um diese Zeit war ich in Leipzig, hatte aber natürlich Kontakt. In den Osterferien 1933, als Franck zurücktrat, war ich zu Besuch in Göttingen und habe die Sache aus der Nähe miterlebt.

SCHAAF: Auch das Institut in Leipzig verlor damals einige seiner glänzendsten Mitarbeiter, zum Beispiel Bloch und Bethe.

HUND: Bloch ging weg. Bethe war nicht dauernd da, er war nur zu Besuch in Leipzig.

SCHAAF: Aber auch er kam dann ja nicht mehr zurück.

HUND: In offizieller Stellung waren in Leipzig zunächst Bloch als Assistent, aber der war selber in seinem ersten Semester wieder nach Zürich beurlaubt, weil Heisenberg in Amerika war. Aber das war vorübergehend. Bloch war sozusagen planmäßiger Assistent, und ich hatte eine Hilfskraft, das war Teller. Als ich 1929 kam, war Heisenberg in Amerika, Bloch war beurlaubt und Beck vertrat ihn als Assistent. Da waren also Beck als Assistent und Teller als Hilfsassistent, mehr hatten wir nicht.

SCHAAF: Wie war die Zusammenarbeit mit Edward Teller? Was war er für ein Mensch?

HUND: Der war ziemlich selbständig. Das Thema [seiner Doktorarbeit] war von Jordan oder Heisenberg. Es war eine Berechnung der $H_2$-Terme, also des Wasserstoffmoleküls. Das ging nicht so wie die alten Theorien mit einer Rekursionsgleichung. Also einfach Wasserstoffterme mit der Schrödingergleichung … das sind hypogeometrische Differentialgleichungen, nur etwas einfacher, so dass nachher die Endrechnungen auf einfache Reihenentwicklungen … das ging nicht. Aber wie es eigentlich gegangen ist, weiß ich nicht mehr. Er hatte dann ein Termschema der $H_2$-Terme im Abstand vom Kernradius.

SCHAAF: Hatten Sie nach dem Weggang von Teller noch Kontakt zu ihm?

HUND: Ich hab ihn natürlich ein paar Mal gesehen, er ging ja nicht gleich nach Amerika. Er ging, glaube ich, nach Kopenhagen. Er hatte mich in Göttingen auch nach 1933 noch besucht. Der Teller und der Placzek, ich weiß es noch genau, die sahen beide ja ein bisschen exotisch aus. Einmal kam die Hausgehilfin: „Herr Professor, da stehen zwei Männer. Die lass' ich nicht rein!" Da bin ich rausgegangen. Es waren der Teller und der Placzek, und natürlich ließ ich sie rein. Dann habe ich ihn in London einmal getroffen – 1934 war ich in London – und später noch auf Tagungen. Ich habe Teller gelegentlich gesehen und habe auch seine allmähliche Entwicklung vom Pazifisten zum Militärphysiker erlebt. Er war wohl Berater des Präsidenten, auch Reagans, glaube ich. Wie weit sie aufeinander gehört haben, das weiß man natürlich nicht. Teller äußert sich darüber natürlich sehr sparsam.

SCHAAF: Wie beurteilen Sie die Entwicklung Edward Tellers?

HUND: Was heißt beurteilen? Er war ein vorzüglicher Physiker.

SCHAAF: Er war dann in einer Weise in der Militärforschung aktiv, die sehr umstritten ist.

HUND: Militärforschung ist immer umstritten.

SCHAAF: Ist es richtig, dass in den 20er Jahren auch Robert Oppenheimer in Deutschland war?

HUND: Oppenheimer habe ich wenig kennengelernt. Ich glaube er kam 1927, kurz nach meinem Weggang oder während ich in Kopenhagen war. Er hatte erst nicht so viel Anklang zu Hause gefunden. Und dann in Göttingen wurde er auf einmal anerkannt. Er hat den Tunneleffekt in seiner vollen Tragweite erfasst. Aber 1927 ging ich dann weg, und die vielen Besucher kamen ja teilweise erst später nach Göttingen. 1928/29 war Born gesundheitlich nicht auf der Höhe. Er hatte eine Facialislähmung im Gesicht. Einige hielten das für einen Schlaganfall, aber das war es nicht. So dass der Schwerpunkt [für mich] eigentlich Leipzig wurde.

SCHAAF: In Leipzig teilten Sie sich mit Werner Heisenberg die Lehrverpflichtungen – die Grundvorlesungen in theoretischer Physik.

HUND: Die Verpflichtung hatte natürlich Heisenberg, und wir passten ein bisschen auf, dass das nicht verwischt wurde. Ich hatte nur ein Extraordinariat, aber ich war persönlicher Ordinarius. Ich konnte an Vorlesungen machen, was ich wollte. Im Institut war ich natürlich nicht der Direktor. In den anderen physikalischen Instituten gab es natürlich auch Extraordinarien, die sich etwas in benachteiligter Stellung fühlten. Infolgedessen mussten wir ein bisschen vorsichtig sein. Der Scherz, den

Walther Gerlach immer mal gerne brachte, war der: „Heisenberg mit Hund". Das theoretisch-physikalische Seminar wurde nicht angekündigt als „Heisenberg und Hund" – das wäre ja die Gleichberechtigung – sondern als „Heisenberg mit Hund". Das war sehr wohl überlegt. Ich war ja nicht gleichberechtigt im Institut. Da musste man ein bisschen auf die Eifersucht der anderen Professoren achtgeben. Aber das sind ja mehr Scherze. Walther Gerlach hat das ausgegraben, und ich habe es ihm dann erklärt, den Hintergrund, warum Heisenberg einen Hund mit ins Seminar nahm. Wenn Sie einmal im Vorlesungsverzeichnis lesen „Heisenberg mit Hund", dann wissen Sie die Erklärung.

Schaaf: Ist es richtig, dass Sie, als das „Gesetz zur Wiederherstellung des Berufsbeamtentums" in Kraft trat, ernsthaft daran dachten, Ihre Stellung an der Universität aufzugeben?

Hund: Wir haben natürlich alles erwogen, aber wie ernst das war, da täuscht man sich 70 Jahre später. Natürlich hat Heisenberg es erwogen, und für ihn wäre es ja leichter gewesen. Heisenberg war noch unverheiratet 1933. Er hat 1937 geheiratet. Ich habe 1931 geheiratet. Das war auch ein Unterschied, ob man Kinder hat oder nicht. Natürlich haben wir gedacht: „Was machen wir?"

Schaaf: Gab es Angebote aus dem Ausland?

Hund: Keine guten. Ich selbst hatte einmal ein Angebot in dieser hässlichen Stadt Baltimore. Als Nachfolger von Rowland. Das habe ich abgelehnt. Dann hatte ich ein Angebot nach Chicago gehabt. Das war aber vor 1933, also noch nicht im Hinblick auf eine politische Emigration. Ich weiß nicht ganz, wenn ich nicht gerade in die beiden hässlichsten Städte der USA wie Baltimore und Chicago berufen wäre, sondern etwa nach Madison, Wisconsin – das war eine hübsche Universität, Princeton war auch eine hübsche – hätte ich es mir vielleicht anders überlegt. Denn dass es in Mitteleuropa nicht gut gehen wird, das wussten wir eigentlich. Der politische Umschwung in der Stimmung war 1929. Vom Optimismus zum sogenannten „Schwarzen Freitag" – Börsenkrach, Zusammenbruch einer österreichischen Bank – das war alles im Spätjahr 1929. Seit dem wussten wir, dass die Dinge nicht gut gehen konnten. Ob man sich dem entziehen soll? Das ist eine schwierige Frage. Man ist ja auch Deutscher. Entzieht man sich seinem Volk, gerade wenn Gefahr droht? Das tut man nicht ohne weiteres. Aber das ist heute nicht mehr zu reproduzieren. Wenn Sie Briefe aus jener Zeit finden können, ja, aber sonst nicht. Die politische Stimmung können Sie nicht rekonstruieren. Auch wenn Sie Leute fragen, bekommen Sie falsche Antworten.

SCHAAF: 1937 verstärkten sich die Angriffe von Stark gegen Heisenberg.

HUND: Das war schon ein bisschen früher.

SCHAAF: Ja, aber ich spiele auf einen Artikel an …

HUND: Ja, Sie meinen sicher die Nummer vom *Schwarzen Korps*.[4]

SCHAAF: … in dem Heisenberg als „Weißer Jude" und als „Ossietzky der Physik" bezeichnet wurde. Sie gehörten damals zu denen, die eindeutig für Heisenberg Stellung bezogen. Wie reagierte man darauf? Ich erinnere an die Beschwerde bei [Volksbildungs-]Minister Rust.

HUND: Vorher schwelte ja schon der Angriff gegen die theoretische Physik. Das war nicht nur ein Angriff im Wesentlichen gegen Heisenberg, sondern ein Angriff gegen die theoretische Physik. Da verfassten die Physiker eine Denkschrift – die habe ich mit unterschrieben – für die theoretische Physik. Das ist dokumentiert. Meine Unterschrift steht unter dieser Denkschrift, die im Ministerium eingereicht wurde. In Leipzig habe ich unmittelbar gegen Johannes Stark offiziell eine Dienstbeschwerde erhoben, wegen dieses Aufsatzes. Es ist daraufhin nichts erfolgt. Ich bin deshalb nicht gemaßregelt worden. Aber meine Taktik war eigentlich anders: Nicht auffallen, das ist ein unbedeutendes Fach. Theoretische Physik war diffamiert. Man hielt seine Vorlesung und trat möglichst wenig an die Öffentlichkeit, aus Vorsicht.

## „Die Russen konnten alle gut Deutsch"

SCHAAF: Was können Sie über den Aufenthalt von Lew Landau in Leipzig sagen?

HUND: Der war nur kurz, aber vorher in Göttingen waren Fock und Frenkel. Ich glaube Frenkel kam zuerst, und dann kam Fock. Das muss ungefähr 1925 gewesen sein. Frenkel hatte nachher Schwierigkeiten in Russland mit der Relativitätstheorie. Die Russen hatten etwas Angst vor der Relativitätstheorie. Die hielten das für eine Art Idealismus. Die

# „Weiße Juden" in der Wissenschaft

**Es gibt eine primitive Art des Antisemitismus, die sich darauf beschränkt, den Juden an sich zu bekämpfen. Ihre Anhänger geben sich damit zufrieden, daß ein klarer Trennungsstrich zwischen Deutschen und Juden gezogen ist. Sie meinen, das Problem sei gelöst, wenn einer Blutsvermischung Einhalt geboten wird und Juden am politischen, kulturellen und wirtschaftlichen Leben der Nation nicht mehr teilnehmen dürfen. Als totalste Lösung schwebt ihnen ein jüdischer Auszug nach Palästina oder sonstwohin vor. Der Augenblick, in dem Deutschland solcherart judenrein würde, müßte dann folgerichtig auch das Ende des Antisemitismus sein.**

**Diese Anschauung ist zwar bestechend durch ihre Einfachheit, krankt aber an einem Denkfehler. Würden wir die Juden nach den alten, nicht einmal unverkennbaren Merkmalen der krummen Nasen und krausen Haare bekämpfen, so wäre dieser Kampf ein Kampf gegen Windmühlen. Die Tatsache aber, daß wir den jüdischen Einfluß auf die Politik und das kulturelle Leben bekämpfen mußten und den jüdischen Einfluß auf die deutsche Wirtschaft weiterhin bekämpfen müssen, beweist bereits, daß es nicht um die Juden „an sich" geht, sondern um den Geist oder Ungeist, den sie verbreiten, eben um das, was man Einfluß nennt.**

Es wird leider so sein, daß wir nach der idealen Lösung einer jüdischen Auswanderung immer noch gegen jüdische Einflüsse ankämpfen werden müssen und daß für einen aktiven Antisemitismus immer noch ein weites Betätigungsfeld verbleibt, selbst wenn es im ganzen Deutschen Reich keine einzige Krummnase gibt. Denn es ist leider so, daß die furchtbare Gefahr der Verjudung unseres öffentlichen Lebens und die Macht des jüdischen Einflusses, die der Nationalsozialismus dämmen mußte, nicht allein von dem zahlenmäßig schwachen Judentum getragen wurde, sondern in nicht geringerem Maße auch von solchen Menschen arischen Geblüts, die sich für den jüdischen Geist empfänglich zeigten und ihm hörig wurden.

Der Sieg des rassischen Antisemitismus ist deshalb nur als *Teilsieg* zu werten. Wir dürfen uns nicht damit begnügen, auf der restlosen Durchführung der Nürnberger Gesetze zu bestehen und auf Lösung des noch offenen Problems „*Juden in der Wirtschaft*" zu dringen. Wir müssen auch den *jüdischen Geist* ausrotten, der heute ungestörter denn je seine Blüten treiben kann, wenn seine Träger über die schönsten Ariernachweise verfügen.

Denn nicht der *Rassejude an sich* ist uns gefährlich gewesen, sondern der *Geist*, den er verbreitete. Und ist der Träger dieses Geistes nicht Jude, sondern Deutscher, so muß er uns doppelt so bekämpfenswert sein als der Rassejude, der den Ursprung seines Geistes nicht verbergen kann.

## Gesinnungsjuden

**Der Volksmund hat für solche Bazillenträger die Bezeichnung „Weißer Jude" geprägt, die überaus treffend ist, weil sie den Begriff des Juden über das Rassische hinaus erweitert. Man könnte im gleichen Sinne auch von Geistesjuden, Gesinnungsjuden oder Charakterjuden sprechen. Sie haben den jüdischen Geist willfährig aufgenommen, weil es ihnen an eigenem mangelt. Sie sind Anbeter eines spitzfindigen Intellekts, weil ihnen natürliche Instinkte fehlen und jene charakterlichen Werte, die den Menschen zwingen, eigene Fähigkeiten zu entwickeln und sich nötigenfalls auf sie zu beschränken.**

Es gibt vor allem ein Gebiet, wo uns der jüdische Geist der „Weißen Juden" in Reinkultur entgegentritt und wo die geistige Verbundenheit der „Weißen Juden" mit jüdischen Vorbildern und Lehrmeistern stets einwandfrei nachzuweisen ist: *die Wissenschaft*. Sie vom jüdischen Geist zu säubern, ist die vordringlichste Aufgabe, denn dem „Weißen Juden", dem wir im Alltag begegnen, können wir wohl mit den Mitteln der Polizei und schärferer Gesetze beikommen, eine *jüdisch verseuchte Wissenschaft* aber ist die Schlüsselstellung, von der aus das geistige Judentum immer wieder maßgebenden Einfluß auf alle Lebensgebiete der Nation erringen kann.

**So ist es beispielsweise charakteristisch, daß in unserer Zeit, die die deutsche Ärzteschaft vor gänzlich neue Aufgaben stellt und von der medizinischen Forschung entscheidende Taten auf erbbiologischem, rassenhygienischem, volksgesundheitlichem Gebiete erwartet, die medizinische Fachpresse innerhalb eines halben Jahres von insgesamt 2138 Aufsätzen 1085 Aufsätze ausländischer Autoren, darunter von 116 Sowjetrussen, bringt, die sich kaum mit Problemen befassen, die uns heute vordringlich erscheinen müßten. Hinter dem Mäntelchen „Erfahrungsaustausch" verbirgt sich hier jene These von der Internationalität der Wissenschaft, die der jüdische Geist allzeit aufgestellt und propagiert hat, weil sie die Voraussetzung für eine unkontrollierbare Selbstherrlichkeit schuf.**

Am klarsten erkennbar ist der jüdische Geist wohl im Bereich der *Physik*, wo er in *Einstein* seinen „bedeutendsten" Vertreter hervorgebracht hat. Während alle großen naturwissenschaftlichen Entdeckungen und Erkenntnisse auf die besonderen Fähigkeiten germanischer Forscher zur geduldigen, fleißigen und aufbauenden Naturbeobachtung zurückzuführen sind; während der germanische Forscher in der sogenannten Theorie immer nur ein Hilfsmittel sieht, das die Naturbeobachtung gegebenenfalls erleichtern, niemals aber ein Mittel zum Zweck werden kann; während die Erkenntnis der realen Wirklichkeit das einzige Ziel seiner Forschung ist, dem er auch die eigene Hilfstheorie opfert, wenn sie sich als unrichtig oder ungenügend erweisen sollte, hat der in den letzten Jahrzehnten vordringende jüdische Geist die *dogmatisch verkündete, von der Wirklichkeit losgelöste Theorie* in den Vordergrund zu schieben gewußt. Durch spitzfindige Verallgemeinerung vorhandener Erkenntnisse, durch geschicktes Jonglieren mit mathematischen Formeln, durch vernebelnde Zweideutigkeiten wurde die Alleinherrschaft solcher Theorien begründet. Sie entsprachen dem jüdischen Geist und der jüdischen „Forschungsmethode" deshalb in so hohem Maße, weil sie die fleißige, geduldige, aufbauende Naturbeobachtung als überflüssig erscheinen ließen.

## Die Diktatur der grauen Theorie

**Von dem jüdischen Professor Leo Grätz, der in München wirkte, stammt der bezeichnende Satz, daß mit der Zeit der Experimentalphysiker gegenüber dem Theoretiker auf den Rang eines guten Mechanikers herabsinken würde, dem der Theoretiker Aufträge für experimentelle Untersuchungen geben würde. Und Einstein verkündete 1922 in einem Vortrag: „Man darf erwarten, daß die Theorie bald imstande sein wird, die Eigenschaften der chemischen Atome und ihre Reaktionen vorauszuberechnen, so daß sich die mühevollen, zeitraubenden experimentellen Arbeiten der Chemiker erübrigen werden."**

Diesem Bestreben, den der Wirklichkeit verbundenen Forscher in den Hintergrund zu drängen, folgte sehr schnell die Praxis.

**Die Juden Einstein, Haber und ihre Gesinnungsgenossen Sommerfeld und Planck regelten fast unbeschränkt die Nachwuchsfrage der deutschen Lehrstühle. Sommerfeld allein durfte sich rühmen, zehn Ordinariate mit seinen Schülern besetzt zu haben. Die Literatur der jüdischen Theoretiker und ihrer Propagandisten schwoll in knapp fünfzehn Jahren auf 50 000 Druckseiten an. Die studentische Jugend wurde fast ausschließlich in ihrem „Geiste" ausgebildet. Hätte man sie gewähren lassen, so wäre in wenigen Jahrzehnten der Typ des produktiven, wirklichkeitsnahen Forschers ausgestorben. Spintisierende, unfruchtbare Theoretiker wären an seine Stelle getreten.**

Die Machtergreifung des Nationalsozialismus hat diese Gefahr gebannt, aber sie hat sie noch nicht beseitigt. Der jüdische Geist versucht mit aller Macht, seine Stellungen wenigstens in jenen Zweigen der Wissenschaften zu halten, die, wie die *Physik*, nicht einer augenscheinlichen weltanschaulichen Prägung unterworfen sind, und diese Stellungen können eines Tages zu Ausgangsstellen für einen erneuten Vormarsch werden.

## Einstein als Eckstein

**Wie sicher sich die „Weißen Juden" in ihren Stellungen fühlen, beweist das Vorgehen des Professors für theoretische Physik in Leipzig, Professors Werner *Heisenberg*, der es 1936 zuwege brachte, in ein parteiamtliches Organ einen Aufsatz einzuschmuggeln, worin er Einsteins Relativitätstheorie als „die selbstverständliche Grundlage weiterer Forschung" erklärte und „eine der vornehmsten Aufgaben der deutschen wissenschaftlichen Jugend in der Weiterentwicklung der theoretischen Begriffssysteme" sah. Zugleich versuchte er, durch eine Abstimmung der deutschen Physiker über den Wert der Theorie Eindruck bei den maßgebenden Stellen zu schinden und Kritiker seines Wirkens mundtot zu machen.**

Dieser Statthalter des Einsteinschen „Geistes" im neuen Deutschland wurde 1928 im Alter von 26 Jahren als *Musterzögling Sommerfelds* Professor in Leipzig, in einem Alter also, das ihm kaum Zeit geboten hatte, gründliche Forschungen zu betreiben. Er begann seine Tätigkeit, indem er den deutschen Assistenten seines Instituts entließ und dafür erst den Wiener Juden *Beck*, dann den Züricher Juden *Bloch* einstellte. Sein Seminar war bis 1933 vorwiegend von Juden besucht, und der engere Kreis seiner Hörer setzt sich auch heute noch aus Juden und Ausländern zusammen.

## Der „Ossietzky" der Physik

**1933 erhielt Heisenberg den Nobelpreis zugleich mit den Einstein-Jüngern Schrödinger und Dirac — eine Demonstration des jüdisch beeinflußten Nobelkomitees gegen das nationalsozialistische Deutschland, die der „Auszeichnung" Ossietzkys gleichzusetzen ist. Heisenberg stattete seinen Dank ab, indem er sich im August 1934 weigerte, einen Aufruf der deutschen Nobelpreisträger für den Führer und Reichskanzler zu unterzeichnen. Seine Antwort lautete damals: „Obwohl ich persönlich „ja" stimme, scheint mir politische Kundgebung von Wissenschaftlern unrichtig, da auch früher niemals üblich. Unterzeichne daher nicht."**

Diese Antwort kennzeichnet den jüdischen Geist ihres Verfassers, der Volksverbundenheit und nationale Verantwortung der „Wissenschaftler" für „unrichtig" hält.

Heisenberg ist nur ein Beispiel für manche andere. Sie allesamt sind Statthalter des Judentums im deutschen Geistesleben, die ebenso verschwinden müssen wie die Juden selbst.

**Die Dringlichkeit dieser Forderung und die Bedeutung, die dem angeschnittenen Problem für die Zukunft der deutschen wissenschaftlichen Forschung zukommt, hat „Das Schwarze Korps" veranlaßt, eine Meinungsäußerung von Professor Dr. Johannes *Stark*, dem Präsidenten der Physikalisch-Technischen Reichsanstalt, zu erbitten. Die Persönlichkeit des Angerufenen, der ja nicht nur ein alter Vorkämpfer des Nationalsozialismus, sondern auch Inhaber des Nobelpreises ist — den er zu einer Zeit erhielt, als seine Verteilung noch von politischen Haß- und Rachemotiven unbeeinflußt war —, sollte jedem die Augen darüber öffnen, daß die deutsche Wissenschaft und ihre verantwortlichen Betreuer vor einer Entscheidung stehen, der man nicht mehr ausweichen kann.**

# Die „Wissenschaft" versagte politisch

Professor Dr. Stark schrieb uns dazu:

Der vorstehende Artikel ist in grundsätzlicher Hinsicht so treffend und vollständig, daß sich eigentlich eine Ergänzung erübrigt. Aber auf Einladung der Schriftleitung will ich noch folgende Bemerkungen anfügen.

Allgemein ist bekannt, daß die überwiegende Mehrzahl der Professoren an den deutschen Universitäten und Hochschulen in der Kampfzeit des Nationalsozialismus *national schmählich versagt* hat. Sie standen Hitler und seiner Bewegung verständnislos und zum Teil sogar ablehnend gegenüber; an mehreren Universitäten kam es zu scharfen Konflikten zwischen der nationalsozialistisch gesinnten Studentenschaft und der mit dem schwarzroten System verbundenen Professorenschaft. Mit Recht hat Reichsminister Rust im Jahre 1933 in dieser Hinsicht der Berliner Professorenschaft bittere Worte gesagt. Der entscheidende Grund für das politische Versagen der Mehrheit der deutschen Professoren in dem nationalsozialistischen Ringen um die deutsche Freiheit war der beherrschende jüdische Einfluß an den deutschen Universitäten.

**Er hatte nicht allein darin seine Stärke, daß in zahlreichen Fakultäten 10 bis 30 vH. der Dozenten jüdisch oder jüdisch versippt waren, sondern vor allem auch darin, daß die Juden die Unterstützung von arischen Judengenossen und Judenzöglingen hatten.**

**Der politische Einfluß des jüdischen Geistes an den Universitäten war offenkundig; weniger offenkundig, aber ebenso schädlich war sein Einfluß in wissenschaftlicher Hinsicht, indem er die auf die Wirklichkeit eingestellte germanische Forschung durch den jüdischen Intellektualismus, dogmatischen Formalismus und propagandistischen Geschäftsbetrieb lähmte und die Studentenschaft sowie vor allem den akademischen Nachwuchs zu jüdischer Denkweise zu erziehen suchte.**

## Die Taktik wechselte

**Nun mußten zwar die rassejüdischen Dozenten und Assistenten im Jahre 1933 aus ihren Stellungen ausscheiden; auch werden gegenwärtig die arischen Professoren, die mit Jüdinnen verheiratet sind, abgebaut; aber die große Zahl der arischen Judengenossen und Judenzöglinge, welche früher offen oder versteckt die jüdische Macht in der deutschen Wissenschaft stützten, sind in ihren Stellungen geblieben und halten den Einfluß des jüdischen Geistes an den deutschen Universitäten aufrecht.**

Während sie noch bis zur Wahl des Führers zum Reichspräsidenten in ihrer Weltfremdheit mit einem baldigen Ende der nationalsozialistischen Regierung rechneten und sich darum einer öffentlichen Kundgebung für den Führer versagten, haben sie seit zwei Jahren ihre Taktik geändert; sie gebärden sich nämlich nunmehr äußerlich als national, frühere Pazifisten drängen sich zum Militärdienst, Judenzöglinge, die zahlreiche wissenschaftliche Arbeiten zusammen mit in- und ausländischen Juden veröffentlicht und noch 1929 an Kongressen von Sowjetjuden teilgenommen haben, suchen Verbindung mit Dienststellen von Partei und Staat.

**Außer mit ihrer nationalen oder sogar nationalsozialistischen Betätigung suchen sie noch mit folgenden Argumenten Einfluß auf maßgebende Stellen zu gewinnen: Als wissenschaftliche Fachleute seien sie und ihre Kandidaten für die Durchführung des Vierjahresplanes unentbehrlich; zudem seien sie von dem Ausland als große deutsche Wissenschaftler anerkannt und müßten darum im Interesse des Ansehens der deutschen Wissenschaft den maßgebenden Einfluß in dieser haben. Bei diesem Bluff glauben sie damit rechnen zu können, daß die maßgebenden Stellen nicht darüber unterrichtet sind, daß ihre „Berühmtheit" im Ausland eine aufgeblasene Folgeerscheinung der Zusammenarbeit mit ausländischen Juden und Judengenossen ist.**

Bezeichnend für die Fortdauer des jüdischen Einflusses in den deutschen akademischen Kreisen sind folgende Tatsachen: Vor noch nicht langer Zeit hat mir ein einflußreicher deutscher Mediziner erklärt: „Eine medizinische Wissenschaft ohne Juden kann ich mir überhaupt nicht denken."

## Neue jüdische Sintflut

Die naturwissenschaftliche Fakultät einer großen Universität hat kürzlich für einen Lehrstuhl drei Judenzöglinge in Vorschlag gebracht, von denen zwei zahlreiche wissenschaftliche Arbeiten *zusammen mit in- und ausländischen Juden* veröffentlicht haben. Der wissenschaftliche Büchermarkt in Deutschland wird neuerdings wieder, vor allem in der Physik, mit Büchern aus der Feder in- und ausländischer Juden und Judenzöglinge überschwemmt unter besonderer Beteiligung der früher volljüdischen, heute angeblich zu 50 vH arischen Verlagsfirma Julius *Springer* in Berlin und Wien.

**Während der Einfluß des jüdischen Geistes auf die deutsche Presse, Literatur und Kunst sowie auf das deutsche Rechtsleben ausgeschaltet worden ist, hat er in der deutschen Wissenschaft an den Universitäten eine Verteidiger und Fortsetzer in den arischen Judengenossen und Judenzöglingen gefunden; hinter der Kulisse der wissenschaftlichen Sachlichkeit und unter Berufung auf die internationale Anerkennung wirkt er ungeschwächt weiter und sucht seine Herrschaft sogar durch eine taktische Einflußnahme auf maßgebende Stellen zu sichern und zu stärken.**

Bei dieser Lage ist es ein großes Verdienst des „Schwarzen Korps", daß es durch seine mutigen, grundsätzlich wichtigen Ausführungen die öffentliche Aufmerksamkeit auf die Schädigung lenkt, von welcher ein Teil des deutschen Geisteslebens und die Erziehung der akademischen Jugend von seiten der „Weißen Juden" bedroht ist.

Stark

**Abb. 5.1. (gegenüberliegende Seite)** Der Angriff auf Heisenberg im SS-Magazin *Das Schwarze Korps* vom 15. Juli 1937.

Reizworte waren ja Idealismus und Materialismus. Was man darunter Unklares auch verstanden haben mag. Der Materialismus war eine Art Populärphilosophie und keine wissenschaftliche. Da hatte Frenkel den Verdienst, dass er in Russland die Relativitätstheorie irgendwie hoffähig machte. Das waren die ersten.

SCHAAF: Die ja beide Schüler von Joffe, dem „Vater der russischen Physik" waren, der wiederum bei Röntgen in München gewesen war, Anfang des Jahrhunderts.

HUND: Ich weiß nicht genau die nähere Beziehung. Joffe war uns bekannt und kam öfter nach Göttingen. Ich erinnere mich sogar an den Vortrag von Kapitza. Kapitza ist Ihnen ein Begriff?

SCHAAF: Ja, Pjotr Kapitza.

HUND: Kapitza war auf der Rückreise aus England nach Russland und hielt in Göttingen im Kolloquium einen Vortrag. Er fing den Vortrag an – wir verstanden kein Wort. Wir kriegten auch nicht recht heraus, in welcher Sprache er eigentlich sprach, aber ich glaube, er redete erst Deutsch – niemand verstand ihn. Dann fing er Englisch an – niemand verstand ihn. Dann kam aus dem Hintergrund eine Stimme: „Reden Sie Russisch! Ich werde es übersetzen!" Das war Joffe. Dann hat er russisch geredet, Joffe hat es übersetzt, und wir haben es verstanden. Das war natürlich noch alles vor 1933. In Leipzig war Landau vielleicht mal ein paar Wochen zu Besuch, soweit ich mich erinnere.

SCHAAF: Sprach Landau Deutsch?

HUND: Wir sprachen untereinander Deutsch. Die Russen konnten alle gut Deutsch.

SCHAAF: Gab es einen regen Austausch mit Wissenschaftlern aus der damaligen Sowjetunion?

HUND: Das ist nun wieder zuviel gesagt, aber in Russland gab es offenbar reichhaltig Stipendien für das Studium in Göttingen, und davon hatten wohl Frenkel, Fock und dann vielleicht auch Landau Gebrauch gemacht.

SCHAAF: Wissen Sie von deutschen Physikern, die in die Sowjetunion gegangen sind?

HUND: Ja, leider. Kennen Sie das Schicksal von Houtermans?

SCHAAF: Nur am Rande.

HUND: Bei ihm war ja eine Schraube locker, das muss man zugeben. Dann ging er nach England. Nach 1933 hatte er sowieso hier keine Aussichten. Einen Nationalsozialisten konnte man aus Houtermans beim besten Willen nicht machen. Ich traf ihn, als ich in London war, ihn und seine erste Frau, Charlotte Riefenstahl.

SCHAAF: Eine Verwandte von Leni Riefenstahl?

HUND: Nein, nein, die haben nichts miteinander zu tun. Ist mir nicht bekannt. Damals war er schon im Aufbruch. Er wollte weg und ging dann nach Russland. Die Charlotte Riefenstahl ging nicht mit. Das war, glaube ich, die Trennung von der ersten Frau. 1937 saß er im Gefängnis. Er wurde wegen irgendwelcher Spionage- oder geheimer Verbindungen mit dem „General Gneisenau" [lacht] …, also fingierter Anklagen, ins Gefängnis gesteckt. Da ging es ihm sehr schlecht. Er hat später erzählt, dass er in Einzelhaft war, keine Schreibgelegenheit hatte und dann anfing, einfache Zahlentheorie zu machen – mit dem Fingernagel in Seife geritzt. Es ging ihm wirklich sehr schlecht. Dann kam das deutsch-russische Abkommen über die Interessenteilung, und er wurde freigelassen. Er kam hier unter bei Johannes Stark, der keinerlei politischen Druck auf seine Mitarbeiter ausübte oder diese nach politischen Gesichtspunkten ablehnte. Das war nicht der Fall. Das war nur der Kampf gegen Heisenberg und gegen die bestimmte Richtung. Er kam in die Reichsanstalt, und da hatte er eine Dummheit gemacht. Er brauchte Tabak zum Rauchen, fingierte irgendwelche Untersuchungen mit Tabakblättern und bestellte auf amtlichem Briefbogen Tabak. Dann hat ihn natürlich Johannes Stark rausgeschmissen – musste er doch! Das geht doch nicht … [lacht]! Das ist ein etwas verwegener Mensch gewesen. Er hat dann nachher noch eine ordentliche Stellung in Bern gehabt. Das war Houtermans, aber der hatte sehr büßen müssen. Hellmann ist wohl verschollen in Russland, er war Mitarbeiter von Erwin Fues – guter Theoretiker. Er ging 1933 nach Russland und ist dann irgendwie verschollen, das ist nicht ganz geklärt. Beck war auch eine kurze Zeit in Russland. Die Leute kamen in Russland zunächst unter und woanders nicht.

SCHAAF: Bemerkenswert finde ich, dass, im Gegensatz zu den Amerikanern, die Russen am Anfang des Zweiten Weltkrieges immer noch über Kernphysik publizierten. In Amerika gab es ja Ende 1939 einen Publikationsstopp.

HUND: Das ist schon der Fall. Wahrscheinlich ist der Krieg mit Russland auch kurzfristig entschieden worden. Ich glaube, da ist noch nicht alles publiziert. Das Gerücht ging, dass im Sommer 1939 zwischen Hitler und Stalin verhandelt wurde über eine Teilung der Welt und dass die Russen Ungarn verlangt hätten als russisches Interessengebiet, was es praktisch natürlich gewesen ist, wie es nachher das Baltikum wurde. Und dass Hitler das nicht zugestehen konnte und dass daraus der Krieg geführt wurde.

SCHAAF: Wie waren Ihre Beziehungen zum „Uranverein"?

HUND: Offiziell hatte ich gar keine. Natürlich wusste ich davon. Heisenberg fragte [mich] auch mal, als es um das Uranspektrum ging und ich ein bisschen Fachmann darin war. Aber offiziell hatte ich gar keine.

## Kriegsende, Nachkriegszeit und Neuaufbau

SCHAAF: Wie haben Sie das Ende des Krieges erlebt?

HUND: Sie meinen die Eroberung von Leipzig? Ach, das war relativ harmlos. Die Amerikaner gingen geschickt vor. Sie umgingen Leipzig und besetzten das Wassereinzugsgebiet. Sie konnten uns also das Wasser abdrehen. Damit war es im Großen und Ganzen erledigt. Und die Verteidigung durch den Volkssturm – das hat wahrscheinlich einer vernünftig sabotiert, die falsche Munition an den falschen Platz gefahren und so weiter. Das war alles lebensgefährlich, aber es wurde so gemacht. Die Eroberung von Leipzig war also ziemlich harmlos.

SCHAAF: Wie war die Übernahme durch die Rote Armee?

HUND: Auf der Potsdamer Konferenz wurde das Gebiet den Russen zugesprochen. Eines Tages rauchte die ganze Stadt, das heißt, es wurden Akten verbrannt. Eine Besatzung endet ja gewöhnlich mit einer Aktenverbrennung. Und dann haben die Amerikaner die Naturwissenschaftler mitgenommen. Ich habe mich Ihnen entzogen. Ich habe mich einfach versteckt und war unauffindbar.

Schaaf: Warum?

Hund: Weil ich nicht mit den Amerikanern wollte. Natürlich riskierte ich einiges, aber ich war mit der eigentlichen Kernphysik nicht verbunden, so dass ich es für unwahrscheinlich hielt, dass die Russen mich mit nach Russland nehmen würden. Da fühlte ich mich doch stärker meiner Universität verbunden und war einfach unauffindbar, als die Amerikaner mich durch die deutsche Polizei holen wollten. Das ließen sie durch die deutsche Polizei machen, und die deutsche Polizei hat das nicht mit Eifer betrieben. Die hätten natürlich herausbekommen können, wo ich war, wenn sie es geschickt gemacht hätten. Aber die deutsche Polizei hatte daran auch kein Interesse. So sind die Naturwissenschaftler aus Leipzig abgezogen, und ich bin da geblieben.

Schaaf: Durften Sie weiter in Leipzig lehren?

Hund: Ich wurde von den Russen bestätigt. Zunächst hatte ich natürlich eine gute Nummer bei den Russen, weil ich nicht mit den Amerikanern mit war. Ich machte den Russen klar, dass ich kein Kommunist sei, aber ich hatte eine gute Nummer, weil ich nicht mit den Amerikanern ging. Das war ja alles schon der beginnende Kalte Krieg damals, im Juli 1945.

Schaaf: Wann erfuhren Sie vom Abwurf der Atombombe?

Hund: Gleichzeitig mit der Welt.

Schaaf: Wie war Ihre Reaktion?

Hund: Die Russen waren natürlich sehr neugierig, fragten uns aus, und wir wussten nichts. Wie war die Reaktion? Sie war natürlich nicht so, sagen wir mal, ausgeprägt wie kurze Zeit später. Man hatte so viel Kummer mit so vielen Sachen, und es hat natürlich eine Weile gedauert, bis man sich der Tragweite bewusst war.

Schaaf: Sie sind dann nach Jena gegangen?

Hund: Ich bin 1946 nach Jena gegangen. Einfach, weil ich mir denken konnte, dass, wenn ich in Leipzig bliebe, ich den Rest meines Lebens mit dem Aufbau eines neuen physikalischen Institutes zubringen müsste. Und das konnten ja andere machen, nicht wahr? Da ging ich nach Jena, denn dort war das Institut noch intakt.

Schaaf: Was war Ihr Hauptforschungsgebiet in jener Zeit?

Hund: Möglichst nichts! Den Russen machte ich vor, dass ich mich für Allgemeine Relativitätstheorie interessierte. In Wirklichkeit waren es natürlich dann nachher Anwendungen der Quantentheorie auf den Aufbau der Materie. Aber an Forschung war ja nicht zu denken, man musste erst einmal den Lehrbetrieb in Gang bringen. Ich habe mindestens ein Semester lang Vorlesungen über Experimentalphysik gehalten und habe Experimentalphysiker und Mediziner geprüft. Ich war so etwas wie ein stellvertretender Direktor der meisten naturwissenschaftlichen Institute. In Leipzig war ich Prorektor. Mit der Verwaltung und all dem war man voll beschäftigt. Ich habe das, glaube ich, so ausgedrückt: Montag und Donnerstag bin ich Experimentalphysiker, Dienstag und Freitag bin ich theoretischer Physiker, und Mittwoch und Samstag bin ich Prorektor der Universität. So war das Dasein ungefähr.

## Neue Institutionen, alte Herausforderungen

SCHAAF: Später sind Sie dann nach Frankfurt und anschließend nach Göttingen gegangen.

HUND: Naja, in Frankfurt gab es nur die eine Professur, da hatte ich zu viele Lehrverpflichtungen. Die Lehrverpflichtungen waren dort größer und die Studenten weniger gut als in Göttingen. Das war einfach die bessere Universität verglichen mit Frankfurt – damals noch. Jetzt hat sich das geändert.

SCHAAF: Wie war die Situation in der Physik an der Universität Göttingen?

HUND: Naja, die war auch nicht gut. Der Niedergang der Göttinger Physik zeichnete sich etwa so ab: 1953 ging Kopfermann von Göttingen nach Heidelberg. 1955 starb Becker kurz vor seiner Emeritierung, und die Göttinger versuchten Jensen aus Heidelberg als Nachfolger von Richard Becker zu bekommen. Das wäre wohl eine erstklassige Besetzung gewesen, aber Jensen blieb in Heidelberg und ging nicht nach Göttingen. Und Hund war nur zweite Wahl. Meistens war das dann zweite und dritte Wahl, die wir bekamen. Niedersachsen konnte oder wollte nicht das Erbe Göttingens von Preußen übernehmen. Es betrachtete Göttingen als Landesuniversität. Denn vorher war Göttingen keine Landes- sondern eine Weltuniversität. Das ist das Erbe von Preußen gewesen. Manches hat sich ein bisschen geändert, aber nicht viel.

**Abb. 5.2.** „Hund war nur zweite Wahl": Friedrich Hund 1994.

SCHAAF: Das Ende von Preußen war also gleichbedeutend mit dem Niedergang der Universität Göttingen?

HUND: Ja. Göttingen war eine der beiden bevorzugten Universitäten des Landes Preußen. Preußen war ein großes Land.

SCHAAF: Können Sie sich daran erinnern, als in den 50er Jahren ein Großteil der Physiker, die in die Sowjetunion gebracht worden sind, wieder zurückkamen?

HUND: Ja, wen kannte ich? ... Döpel hat nachher eine kleine Professur in Ilmenau bekommen. Dann ist Gustav Hertz nach Leipzig gekommen, der frühere Mitarbeiter von Franck (Franck-Hertz-Versuch). Baron von Ardenne ist in Dresden geblieben. Aber der andere, wie hieß der? Der war früher Mitarbeiter von Siemens und dann in Russland...

SCHAAF: Steenbeck?

HUND: Ja, Steenbeck. Ich habe ihn nicht näher kennengelernt. Wir haben uns immer ein bisschen angepflaumt. Er hat mich natürlich als Verräter an den Westen betrachtet. Wir haben nicht im Ernst über Politik gesprochen.

SCHAAF: Sind Sie einmal in der Sowjetunion gewesen?

HUND: Nein.

SCHAAF: Gab es dafür Gründe?

HUND: Nein, ich hatte keine Veranlassung.

SCHAAF: Gab es nie Einladungen?

HUND: Ich war ja nur fünf Jahre in der sowjetischen Zone, da lief noch nicht sehr viel. Und vor allem habe ich mich nicht aufgedrängt.

SCHAAF: Gab es Briefwechsel mit russischen Physikern?

HUND: Ist mir nicht bekannt. Natürlich gab es dann und wann Briefe, aber man traf sich eben auch. Zum Beispiel die Rolle von Iwanenko, einer der bedeutenden russischen Theoretiker: Iwanenko hat ziemlich gleichzeitig mit Heisenberg den Aufbau der Atomkerne aus Protonen und Neutronen ausgearbeitet. Er hat sich ein bisschen benachteiligt empfunden, was auch wieder ungerecht war. Sie haben eben beide daran gearbeitet. Heisenberg wird nicht in allem die Priorität beanspruchen können.

SCHAAF: Es gab doch von russischer Seite her auch so etwas Ähnliches wie die Alsos-Truppe bei den Amerikanern, die damit beschäftigt war, Atomphysiker aufzuspüren.

HUND: Döpel und Gustav Hertz sind genötigt worden, nach Russland zu gehen.

SCHAAF: Bei diesen Einheiten waren auch sowjetische Physiker mit dabei. Können Sie sich an jemanden erinnern?

HUND: Wen meinen Sie da?

SCHAAF: Juli Chariton[5] zum Beispiel.

HUND: Nein. Nach dem Weggang aus Jena habe ich zu Russland keine nähere Beziehung mehr gehabt. Ich war ein paar Monate Rektor in Jena und habe kürzlich sowohl aus den Rektoratsakten als auch aus den sowjetischen Protokollen über den „Fall Hund" erfahren. Damit war man ja beschäftigt. Die Jenaer hatten mich zum Rektor gewählt, ohne die Russen zu fragen. Und die Russen waren nun in einer schwierigen Lage: Sie wollten natürlich einen Kommunisten als Rektor haben, aber im Lehrkörper fanden sie keinen Kommunisten. Dann nahmen sie notgedrungen mich, den gewählten Rektor. Natürlich war ich nach russischer Auffassung nicht gewählt, sondern nur vorgeschlagen worden. Sie bestätigten mich, und das ging am Anfang auch gut. Aber die politischen Verhältnisse hatten sich im Jahre 1948 völlig geändert, so dass es im Herbst nachher keinen Sinn mehr hatte, das Rektorat fortzusetzen und ich eine Gelegenheit suchte, um zurückzutreten oder um zurückgetreten zu werden, was ja im Grunde beides stattfand. Dann hatte ich ein paar gute Schüler, um die ich mich kümmerte. Nachher trieb ich ein bisschen einfache Quantentheorie.

SCHAAF: Was hatten Sie für eine Ansicht über die Physik, die in Russland gemacht wurde? War man der Meinung, dass die weit zurück waren?

HUND: Nein. Wir wussten natürlich oder ahnten, dass das russische System diese scharfe Trennung von militärischem und zivilem Sektor hatte. Der militärische Sektor bekam das Geld und die besten Leute. Das Volk musste hungern.

SCHAAF: Das Prioritätsprinzip.

HUND: Das war ganz ausgesprochen, und man nimmt an, dass es auch eigentlich unter Jelzin so ähnlich sein wird, dass das Militärische den

**Abb. 5.3.** Carl Friedrich von Weizsäcker (links) und Friedrich Hund, Göttingen 1993.

Vorrang haben wird. Was sich dort abspielte, das wusste man nicht genau. Später erfuhren wir einiges. Dass die Russen in der Metallphysik, also zur Charakterisierung der Metalle durch die magnetischen und elektrischen Eigenschaften, was unter Fermi-Flächen lief, vieles hatten, das wusste ich, als ich nach Göttingen kam. Ich bin ja erst 1957 nach Göttingen gekommen. Meine Göttinger Physik fing ich an mit dem Studium dieser russischen Arbeiten. Ich hatte das Glück, einen Assistenten zu haben, der russisch konnte, denn es dauerte immer eine Weile, bis das übersetzt wurde. Da habe ich den Eindruck, dass sie etwa mit den Engländern, die das auch machten, gleichwertig waren. Bei anderen Dingen – in der Kernphysik etwa – hatte man den Eindruck, dass es weniger wertvoll war. Aber wir waren nie sicher.

SCHAAF: Victor Weisskopf schrieb einmal, dass er die russischen Physiker sehr bewundert, für ihre Schnelligkeit etwa, unter diesen Bedingungen die Atombombe in nur vier Jahren fertiggestellt zu haben.

HUND: Ja, das ist erstaunlich. Aber natürlich Beschränkung auf ein Ziel unter Vernachlässigung anderer. Das ist die Schwäche Russlands gewesen. Und das hat ja auch den wirtschaftlichen Zusammenbruch herbeigeführt, diese einseitige Bevorzugung der Rüstung. Das ließ sich eben nicht durchhalten.

## Über die Einheit der Physik

SCHAAF: Genau das war es ja auch, was Andrej Sacharow schon 1968 in seinem „Memorandum" geschrieben hat. Um auf Ihre Schüler zurückzukommen: Es gab vor zwei Monaten hier in Göttingen eine Diskussionsveranstaltung, die Sie mit Carl Friedrich von Weizsäcker geführt haben. Können Sie kurz skizzieren, worum es dabei ging?

HUND: Wir haben natürlich aneinander vorbeigeredet. Was sollte auch sonst geschehen? Ich hielt es für misslungen.

SCHAAF: Welche Beziehung verbindet Sie mit Carl Friedrich von Weizsäcker?

HUND: Persönlich gut. Aber ich verstehe nicht, was er will!

SCHAAF: Fachlich?

HUND: Ja. Was er so als „Einheit der Physik" bezeichnet. Er hat ja auch ein Buch darüber geschrieben. Das verstehe ich nicht! Und er weiß das auch.

SCHAAF: Er hat sich ja auch sehr intensiv mit Philosophie beschäftigt.

HUND: Ja, ja. Und es ist auch für Philosophie viel zu früh. Wir wissen viel zu wenig von den Grundlagen der Physik, und wichtige Probleme sind völlig ungelöst. Die Philosophie soll man in zehn oder zwanzig Jahren machen.

SCHAAF: An welche Probleme in der Physik denken Sie da?

HUND: Zum Beispiel die Elementarteilchen. Wir haben keinerlei Erklärung für die Massen der Elementarteilchen. Die Zahl 1.839 – das Verhältnis der Masse des Neutrons zum Elektron – ist völlig unverständlich. Auch die Kopplungskonstante, die elektrische Kopplung $c\hbar/137$ ist völlig unverständlich.[6] Ich betone immer die Unverständlichkeit der heutigen Physik. Wir kennen entscheidende Dinge noch nicht in der Physik!

SCHAAF: Herr Professor Hund, ich danke Ihnen für das Gespräch.

Das Gespräch fand am 12. März 1994 in Göttingen statt.

## Anmerkungen

1 Abdruck mit freundlicher Genehmigung aus Michael Schaaf: *Heisenberg, Hitler und die Bombe. Gespräche mit Zeitzeugen. Um weitere Interviews und Dokumente erweiterte Neuausgabe.* GNT-Verlag, Berlin, Diepholz, **2018**. <https://doi.org/10.47261/1500>.

2 Es handelt sich um Paul Schönhals.

3 Der Fermatsche Satz wurde 1994 bewiesen, das Preisgeld erhielt der britische Mathematiker Andrew Wiles.

4 Gemeint ist Johannes Starks Hassbeitrag gegen Heisenberg „‚Weiße Juden‘ in der Wissenschaft“ in der SS-Zeitung *Das Schwarze Korps* vom 15. Juli 1937, worin er Heisenberg als „Gesinnungsjuden“ bezeichnet. In zwei weiteren Beiträgen „Die Diktatur der grauen Theorie“ und „Die ‚Wissenschaft‘ versagte politisch“ auf derselben Seite unterstrich Stark seine Haltung gegen Einstein und die „neue jüdische Sintflut“. Sein Standpunkt war ihm so wichtig, dass er seine Unterschrift mit abdrucken ließ, s. **Abb. 5.1.**

5 Juli Chariton (1904–1996), russischer Physiker, wissenschaftlicher Direktor des sowjetischen Atomwaffenlabors Arsamas-16.

6 Die Kopplungskonstante legt die Stärke einer fundamentalen Wechselwirkung fest. Für die elektromagnetische Wechselwirkung entspricht sie der Sommerfeldschen Feinstrukturkonstante $\alpha \approx 1/137{,}036$, wofür es bis heute keine Erklärung gibt. „It has been a mystery ever since it was discovered more than fifty years ago, and all good theoretical physicists put this number up on their wall and worry about it.“ Aus Richard Feynman: *QED — The strange theory of light and matter.* Princeton **1985**, 129.

# 6

# Schauplatz der Quanten-theorie

## Heisenberg und Hund in Leipzig

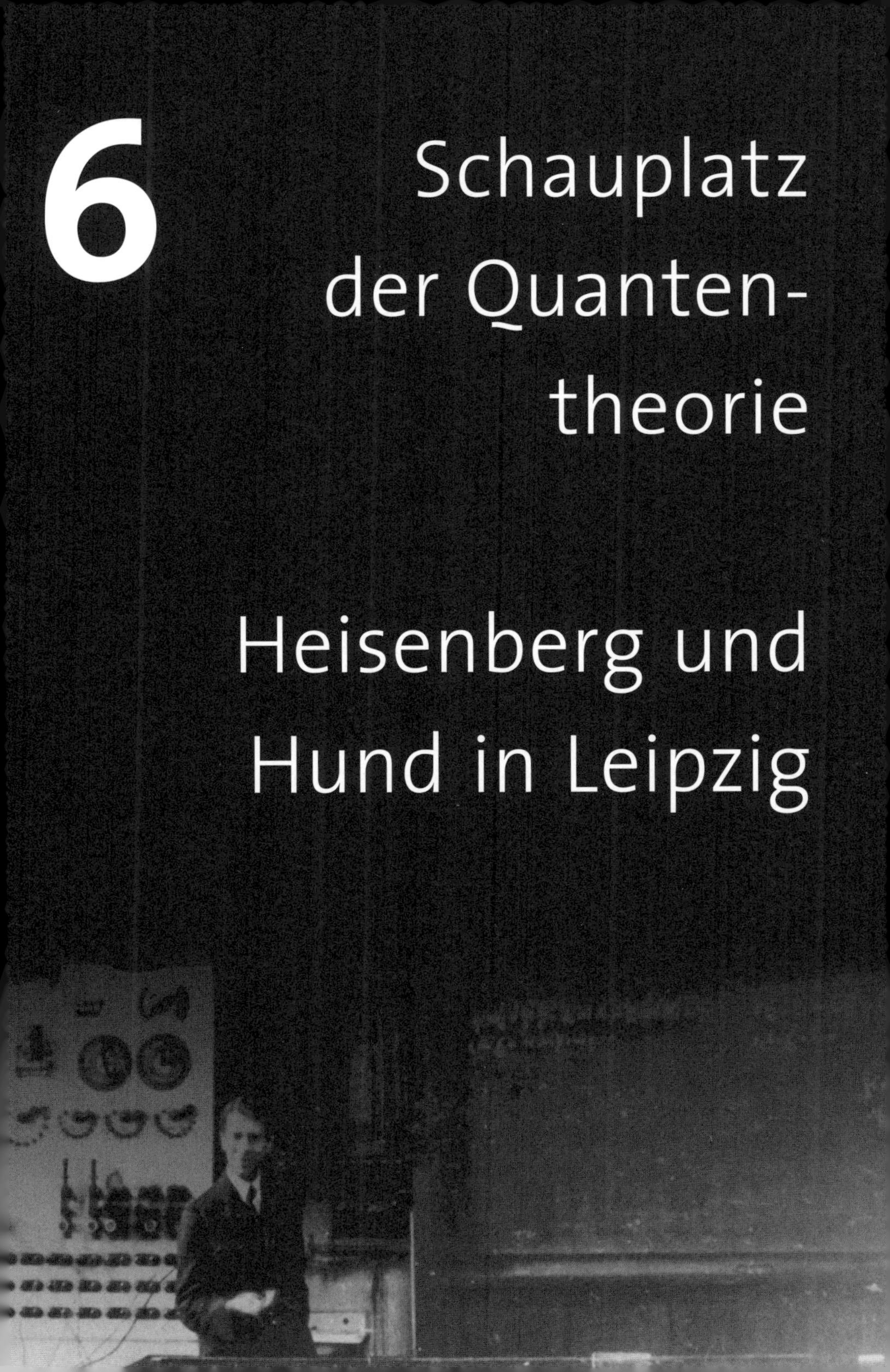

*„Wir hatten den Eindruck: ‚Das ist die Wissenschaft der Zukunft! Da wollen wir mitmachen!‘ “*

— Friedrich Hund



Friedrich Hunds langer Weg nach Göttingen

›<https://doi.org/10.47261/1577-6>

# Friedrich Hund im Gespräch
## Aufnahmen aus Göttingen vom 20. / 21. Juni 1991

Von Konrad Lindner

### Abitur Naumburg 1915

LINDNER: Herr Professor Hund, ich darf bei Ihnen in Göttingen zu Gast sein. Es war dies meine erste Fahrt in die berühmte Universitätsstadt. Im Zug war eine junge Frau, die sich den Wunsch erfüllte, nach Spanien zu reisen. Mein Wunsch war es, einem Gelehrten zu begegnen, der 17 Jahre in Leipzig gearbeitet hat. Wir wollen zunächst in Ihre Jugendzeit gehen und nach Ihrem Weg in die Physik fragen. Wie sind Sie als junger Mann auf die Spur der Naturwissenschaften gelangt? Wer war es, der Sie in die Wissenschaft zog oder schob?

HUND: Es hatte schon verschiedene Ursachen, dass ich zur Physik kam. Auf der Schule hatte ich einen sehr guten Physiklehrer. Das war in Naumburg an der Saale. Er brachte wohl auch meinem Vater bei, dass ich studieren sollte. Das war nicht so ganz einfach. Mein Vater hatte ein kleines, schlecht gehendes Geschäft. Ein wissenschaftliches Studium lag der Familie fern. Das lag auch nicht in der Tradition. Kurz vor dem Ersten Weltkrieg – wahrscheinlich im Sommer 1914 – nahm mein Physiklehrer Schönhals an einem Fortbildungskurs an der Universität Göttingen teil. Er kam begeistert wieder. Das hat ihn sehr interessiert. Er sagte: „Hund, Sie müssen in Göttingen studieren, da ist was los!“ Eigentlich hätte es nahegelegen, in Halle oder in Jena zu studieren, weil das die nächsten Universitätsstädte waren. Meine Klassenkameraden wurden zunächst alle Soldaten. Ich war damals nicht wehrfähig, weil ich kurz vorher das Bein gebrochen hatte. Ich wurde erst zwei Jahre später Soldat. Mit 19 Jahren machte ich Abitur. Wenn ich mit 19 Jahren noch zur Schule ging, hing das damit zusammen, dass wir die Wohnung gewechselt hatten und die Schule an einem Ort im Herbst und am anderen Ort zu Ostern anfing. Das hatte solche Gründe.

LINDNER: Sie sind also nicht sitzengeblieben.

HUND: Nein. Dazu gehörte ziemlich viel. Ich war auch auf Schulen, die keine allzu hohen Anforderungen stellten. Also, ich studierte in Göttingen. Das Berufsziel konnte nur Lehrer an höheren Schulen sein. Ich war nicht so eingebildet, dass ich etwa Physikprofessor werden wollte. Ein klares Berufsbild des Physikers oder des Mathematikers gab es noch gar nicht. Für mich war eigentlich noch ganz offen, ob der Schwerpunkt mehr bei der Mathematik oder mehr bei der Physik liegen würde. Ich war vorher so etwas wie ein Assistent dieses Physiklehrers gewesen und konnte also mit Apparaten umgehen.

LINDNER: Experimentierten Sie auch heimlich zu Hause?

HUND: Nur in bescheidenem Umfang. Ich hatte nicht viel Geld. Während des Studiums gab ich viele Privatstunden, denn ich sah natürlich, dass mein Vater das Studium nicht finanzieren konnte. Dadurch sammelte sich ein bisschen Geld auf dem Sparbuch an, um wenigstens das erste Jahr einmal hinzukriegen.

LINDNER: Damit wirkten Sie im Grunde aber schon als ein kleiner Lehrer.

HUND: Dazu hatte ich wohl eine gewisse Veranlagung.

## Wetterfrosch im Weltkrieg

LINDNER: Welche einzelnen Fächer wählten Sie an der Universität Göttingen?

HUND: Das Studium war das Übliche. Ich brauchte drei Fächer. Ich wählte Mathematik, Physik und Geographie. Mich interessierte auch die Geographie, weil mein Physiklehrer mit mir zusammen die geologische Umgebung von Naumburg erkundet hatte. Der Geographieprofessor Wagner in Göttingen war aber ziemlich alt und sicher nicht mehr der beste Professor der Geographie. Es war damals üblich, die Universität zu wechseln. Ich ging nach Marburg, und zwar deshalb, weil das eine hübsche kleine Stadt war. Aus keinem anderen Grunde. Ich komme aus der deutschen Jugendbewegung und hatte immer Beziehungen zu studentischen Gruppen.

LINDNER: Was waren die Ideale der Jugendbewegung? Wanderte man nur, oder war doch etwas mehr los? Was waren die gemeinsamen Interessen?

HUND: Das Wandern war die äußere Form, weil das eine angenehme Form der Geselligkeit ist. Die Mädchen und Jungen waren damals völlig getrennt. Wir machten auch größere Wanderungen. In Göttingen hielt ich mich zunächst eine Weile heraus, um mich der Wissenschaft widmen zu können, aber nachher geriet ich dann wieder in den Sog dieser Bewegung hinein. Als ich Student in Marburg war, musste ich 1916 das Studium für zwei Jahre unterbrechen, da ich Soldat wurde. Aber ich geriet während des Ersten Weltkrieges nie in eine gefährliche Situation. Schon nach zwei Monaten meldete ich mich zum Marinewetterdienst und bin angenommen worden. Das war im Grunde eine wissenschaftliche Tätigkeit. Ich machte in Wilhelmshaven Wettervorhersagen für die Nordsee. Dort war die Hauptstelle des Wetterdienstes.

LINDNER: Da waren Sie während des Ersten Weltkriegs also ein Wetterfrosch. Stimmten Ihre Vorhersagen?

HUND: Zum Teil stimmten die Vorhersagen. Ich bin natürlich nachher auch etwas mit den Wetterfröschen in Verbindung geblieben und war auch mehrere Jahre im Wissenschaftlichen Beirat des Deutschen Wetterdienstes. Die wollten gern einen Physiker haben. Ich verfolgte das immer ein bisschen, den Übergang vom damaligen Handwerk bis zur heutigen Nutzung von Computern. Die Fortschritte in der Meteorologie sind bedeutend. Der Aufwand ist noch weiter gestiegen. Man macht heute – wenn es geht – Vorhersagen von 72 Stunden. Damals waren wir mit 12 Stunden zufrieden. Wir bekamen keine Meldungen aus dem feindlichen westlichen Ausland. Das mussten wir erschließen. Wir sahen mit einem gewissen Hochmut auf die berufsmäßigen Wetterfrösche. Das waren meist alte Leute, und es war auch kein attraktiver Beruf. Es erfolgte keine Auswahl von fähigen Leuten. Wir jungen Leute mit unserer Improvisationslust machten das einfach besser. Der Leiter war ein Zoologe. Er hatte schon promoviert, ist aber später bei der Meteorologie geblieben. Das war Johannes Georgi, der später die Grönlandexpedition mit Alfred Wegener durchgeführt und darüber auch ein Buch geschrieben hat. Ich blieb in Wilhelmshaven. Für kurze Zeit war ich auch einmal in Bulgarien. Im Großen und Ganzen war ich als Soldat mit dieser durchaus anstrengenden wissenschaftlichen Tätigkeit beschäftigt. Später bekam ich dafür eine glänzende Marineuniform.

LINDNER: Das hatte den Vorteil, dass Sie den Krieg überstanden.

HUND: Ich überstand den Ersten Weltkrieg lebendig. Das Studium setzte ich nach dem Einsatz beim Wetterdienst zunächst in Marburg und dann in Göttingen fort. Am Anfang war mir die Mathematik wichtiger als die Physik. Vor jetzt 70 Jahren – im Jahr 1921 – machte ich mein Staatsexamen. Als Studienreferendar kam ich an eine Göttinger Schule. Danach ging ich zu Max Born, der inzwischen nach Göttingen berufen worden war. Ich sagte ihm: „Ich möchte noch gern theoretische Physik lernen." Born war sehr freundlich. Ich ging dann auch in das Seminar von Born und James Franck. Da fand sich bald eine Aufgabe. So kam ich eben in die theoretische Physik hinein.

## Assistent von Max Born

LINDNER: Es wäre also auch möglich gewesen, dass Sie 1921 als Lehrer an ein Gymnasium gegangen wären?

HUND: Ich hatte natürlich schon während des Studiums den heimlichen Wunsch gehabt, nicht mein Leben lang ein Lehrer zu werden, sondern in der Wissenschaft selbst etwas zu leisten. Aber das war ein Wunsch, den ich nicht bekanntgab. Das hätte keinen Sinn gehabt, darüber zu reden. Bei Born bekam ich ein Thema, das mir lag. Heute würde ich sagen, dass das völlig überflüssig war, was ich gemacht habe. Aber man muss mit irgendetwas anfangen. Als mein Referendariat zu Ende war, promovierte ich kurz danach. Ich beschäftigte mich mit einigen etwas auffälligen Eigenschaften des Elektrons. Es war gerade eine Assistentenstelle frei geworden und Born nahm mich fünf Jahre lang als Assistent. Damit war ich finanziell gesichert. Zwischendurch wurde ich von der Schulbehörde aufgefordert, irgendwo eine lehramtliche Aushilfe anzutreten. Das musste ich irgendwie abwimmeln. Das gelang auch. Um Entlassung aus dem Schuldienst bat ich erst 1925 nach meiner Habilitation. Ich glaubte, dass die Habilitationsschrift eine ordentliche Arbeit war und ich irgendwann einmal auf ein bescheidenes Extraordinariat für theoretische Physik berufen werden könnte. Das geschah dann auch.

LINDNER: Ihr erstes Buch „Linienspektren und periodisches System der Elemente" stellten Sie 1927 in Kopenhagen fertig.

HUND: Nach der Habilitation war ich ein halbes Jahr in Kopenhagen bei Niels Bohr. Da lernte ich viel. Das Buch über Linienspektren war im Wesentlichen schon in Göttingen fertig. Wahrscheinlich schrieb ich in Kopenhagen nur noch das Vorwort.

LINDNER: Ich möchte noch genauer nach Ihrer Göttinger Zeit fragen. Sie prägten und erläuterten in einem Aufsatz das Stichwort von der „Physik der Zwanzigjährigen". Damit ermunterten Sie junge Leute, sich der theoretischen Wissenschaft zuzuwenden. Worin bestand für Sie während der Zwanzigerjahre des 20. Jahrhunderts die Faszination der Göttinger Physik und der „Physik der Zwanzigjährigen"?

HUND: Dass auf dem Gebiet der Quantentheorie etwas zu holen war, das ging mir eigentlich erst nach Abschluss meines Studiums auf. Eben in diesem Seminar und in dem ganzen Göttinger Kreis am Anfang der Zwanzigerjahre. Dann hielt Niels Bohr im Sommer 1922 hier zwei Wochen lang Vorträge über seinen besonderen Zugriff zur Quantentheorie. Das hat nicht nur mir, sondern dem ganzen Göttinger Kreis imponiert. Wir merkten, dass Bohr seine Ansätze in einer allgemeineren Weise begründete. Wir spürten auch etwas von dem philosophischen Geist Bohrs. Das war eine völlig neue Welt. Das war wohl bei mir die endgültige Wendung zur theoretischen Physik.

LINDNER: Sie sprechen vom „philosophischen Geist" bei Bohr. Das wird sehr viel gesagt. Was verbinden Sie mit diesen Worten?

HUND: Das Wort „Philosophie" ist vieldeutig. Ich meine eben doch: nicht aus der vorhandenen Fachwissenschaft heraus begründet. Sondern es war klar: Die sogenannte klassische Physik reicht nicht aus, das Atom zu verstehen. Die neue Physik haben wir noch nicht. Wir müssen also abschätzen, wie die neue Physik zu finden sei. Bohr scheute sich nicht, über Dinge zu sprechen, über die man eigentlich noch nicht sprechen konnte. Das bekannte Wort von Ludwig Wittgenstein, das besagt: Wovon man nicht reden kann, darüber soll man schweigen, war keine Richtschnur für Bohr. Er versuchte zu sprechen. Er versuchte in Andeutungen zu sprechen. Da merkten wir etwa den Unterschied gegen den auch bedeutenden Sommerfeld, dessen Buch wir lasen. Also diese „Bohrfestspiele" – ich glaube der Ausdruck stammt von James Franck in Analogie zu den Händel-Festspielen –, das war für meinen wissenschaftlichen Werdegang ein sehr entscheidendes Ereignis. Wenn ich Personen nennen sollte, die damals für mich etwas bedeuteten, dann würde ich die folgende Reihenfolge wählen: Franck, das war der erste, der mir im Seminar eine Aufgabe stellte, Bohr, den Franck auch sehr verehrte, Born, Werner Heisenberg. Ich würde die vier in dieser zeitlichen Reihenfolge nennen.

Lindner: Lernten Sie Heisenberg erst bei den Bohrfestspielen in Göttingen oder schon vorher kennen?

Hund: Nein, vorher nicht. Ich erinnere mich noch genau an die erste Begegnung. Zu diesen Bohrfestspielen kamen die Physiker von weit her. Ehrenfest aus Leiden. Sommerfeld aus München. Landé aus Tübingen. Das kam hier zusammen. Sommerfeld brachte da einen Jungen mit, der aussah wie ein Schulbub: Heisenberg. Er war 20 Jahre alt. Der redete auf einmal in der Diskussion mit. Bohr merkte sofort, was dahintersteckte und machte mit ihm einen großen Spaziergang. Das steht alles bei Heisenberg in seinen Lebenserinnerungen geschrieben. Auch Born sagte mir hinterher: „Diesen Heisenberg müssen wir nach Göttingen kriegen!" Das gelang auch. Heisenberg kam zum Wintersemester 1922/23 nach Göttingen. Wir lernten uns kennen und merkten auch, dass wir beide aus der Jugendbewegung stammten. Wir machten manche Wanderung zusammen mit anderen Kameraden. Ich fragte Heisenberg damals einmal, wahrscheinlich sagten wir noch „Sie" zueinander: „Warum haben Sie eigentlich noch nicht promoviert?" Er hatte doch wichtige Arbeiten geschrieben. Heisenberg antwortete: „Ich habe noch keine sechs Semester studiert und in der Promotionsordnung steht, dass man sechs Semester haben muss."

Lindner: Heisenberg hatte noch keine sechs Semester, aber hatte schon streitbar mit Bohr diskutiert.

Hund: Er hatte auch Abhandlungen über die Zeeman-Effekte veröffentlicht. Auch etwas mit Sommerfeld zusammen. Nun, er musste im Sommer 1923 wieder nach München, um zu promovieren. Heisenberg hat über ein ganz anderes Thema promoviert und zwar ein Thema aus der Hydrodynamik. Er ist beinahe durch die mündliche Prüfung gefallen und kam dann wieder nach Göttingen. Heisenberg ging dann öfter nach Kopenhagen. Er gehörte vielleicht nicht zu meinem engsten Freundeskreis, aber er war ein guter Kamerad.

LINDNER: Mit dem Wort von der „Physik der Zwanzigjährigen“ verbindet sich nun aber ein gewichtiger Umbruch in der theoretischen Physik. Interessant wäre es, wenn Sie diesen von ganz jungen Wissenschaftlern getragenen Umbruch noch etwas erklären würden.

HUND: Es war klar geworden, dass die bisherige Physik nicht ausreichte, um das Atom zu verstehen. In der Quantentheorie sah man ein Mittel dieses Verstehens. Vor allem Niels Bohr gab der Quantentheorie die Wendung zu einer Theorie des Atoms. Die Vorträge, die er in Göttingen hielt, zeigten uns seinen besonderen Zugriff. Wir jungen Leute, aber auch Franck und Born, waren begeistert. Wir hatten den Eindruck: „Das ist die Wissenschaft der Zukunft! Da wollen wir mitmachen!“ – Der Göttinger Kreis war noch klein. Die Bekannteren kamen etwas später dazu. Außer Heisenberg kamen Lothar Wolfgang Nordheim, der später die Quantentheorie auf Metalle und Halbleiter angewandt hat, Gustav Heckmann, der später im Sog von Leonard Nelson Pädagoge wurde, damals war er noch theoretischer Physiker, auch Otto Friedrich Bollnow, der später auch aus der Physik ausgebrochen ist. Ein Teil der Leute kamen aus der Jugendbewegung. Wir machten Wanderungen und sprachen auch über andere Dinge als Physik, aber zwischendurch auch über Physik.

LINDNER: Gab es bereits in Göttingen ein Seminar zur „Struktur der Materie“?

HUND: Das physikalische Leben in Göttingen wurde damals durch eine ganze Anzahl von Seminaren gekennzeichnet. Born stand diesem neuen Gebiet jetzt aufgeschlossen gegenüber. Außer dem Physikalischen Kolloquium, was alle Physiker umfasste, gab es ein Theoretisch-Physikalisches Seminar über die Struktur der Materie, das Born und David Hilbert zusammen abhielten. Ein weiteres Seminar über moderne Fragen der Physik – experimentell und theoretisch – hielten Franck und Born gemeinsam ab. Dann gab es mindestens noch ein Seminar in der Wohnung von Born zusammen mit Mathematikern und Astronomen, das so die Zugänge zur Theorie der Astronomie – der Planetenbewegung und ähnlicher Probleme – umfasste, bei dem die Physiker glaubten, beim Atom ähnliche Methoden anwenden zu müssen. Es war nachher ganz anders als vermutet. Das war ein drittes Seminar. Dann gab es noch einen ganz privaten engen Kreis einiger junger Leute: Heisenberg, Hertha Sponer und noch einige andere. Das war meist in der Wohnung von Hertha Sponer. Hier trugen wir unsere eigenen und noch unausgegorenen Ideen vor.

LINDNER: Lernten Sie schon während dieser Zeit hier in Göttingen Grete Hermann kennen?

HUND: Wahrscheinlich lernte ich sie nicht näher kennen. Sie gehörte zum Nelson-Kreis. Mit Minna Specht. Ich bin nicht sicher, ob ich sie näher kannte. Ihr Bruder war wissenschaftliche Hilfskraft bei Born. Er ist leider früh gestorben, weil er im Konzentrationslager geschädigt wurde.

LINDNER: Es war im Göttingen der Zwanzigerjahre eine Vielzahl von Gruppen junger Naturwissenschaftler anzutreffen.

HUND: Es waren verschiedene Kreise, es waren aber auch Leute verschiedenen Temperaments, verschiedenen Stils. In dieser Lebendigkeit habe ich es eigentlich sonst nicht wieder getroffen. Das Alter war schon gegeben. Heisenberg war einer der Jüngsten, und ich war wahrscheinlich der Älteste, oder die Hertha Sponer war noch ein bisschen älter. Ich konnte noch als einer der Zwanzigjährigen gelten.

LINDNER: Sie waren etwa 28 Jahre alt. Sie waren also immer noch einer der Zwanzigjährigen. In diesem Göttinger Klima und der Zusammenarbeit in verschiedenen Seminaren um Born und die anderen Naturwissenschaftler und Mathematiker sind Ideen geboren worden, die dann später die Arbeit in Leipzig prägten wie zum Beispiel ein solches Seminar zur „Struktur der Materie".

HUND: Heisenberg übernahm den Namen „Struktur der Materie" auf das Leipziger Seminar. Für Heisenberg war Göttingen neben seinem geliebten München doch ein Vorbild. Der Kreis in Göttingen war vielleicht jugendlicher als der von Sommerfeld in München. Aber München war auch ein bedeutender Kreis. Von dort kamen Gregor Wentzel und Wolfgang Pauli.

LINDNER: Wann genau waren Sie in Kopenhagen?

HUND: Das war im Wintersemester 1926/27. Heisenberg war schon ständig in Kopenhagen Lektor für theoretische Physik. Das entsprach ungefähr unserem außerordentlichen Professor. Er hielt die normalen Vorlesungen für die Studenten, die Bohr nicht so gern hielt. Bohr konnte sich dann auf seinen engen Kreis konzentrieren. In der Zeit, in der ich in Kopenhagen war, hielt sich dort auch Paul Dirac zumindest eine Weile auf. Walter Heinrich Heitler kam eine Weile vorbei. Zwei Japaner kamen, Yoshio Nishina und ein weiterer, bei dem mir im Augenblick nicht der Name einfällt.

LINDNER: Waren in dieser Zeit auch schon russische Physiker dort?

HUND: Das war wohl etwas später. In Göttingen studierten Jakow Iljitsch Frenkel und Vladimir Aleksandrovic Fock. Frenkel hat eines der ersten Lehrbücher über Quantentheorie geschrieben. Er hat auch wohl das Verdienst, den Russen, das heißt, auch der Parteiführung, klargemacht zu haben, dass die Relativitätstheorie nicht dem dialektischen Materialismus widerspricht. Das war ja nötig. Die Partei witterte hinter allen diesen Dingen eine neue Geistesströmung und eine wissenschaftliche Wendung weg vom eigentlichen Materialismus.

LINDNER: Die kommunistische Partei witterte in der neuen Physik eine Wendung zur bürgerlichen Ideologie, obwohl sich Lenin eigentlich dafür offenhielt, was in der Physik international passiert und 1922 den Rat gegeben hatte, die internationale Physik ernstzunehmen.

HUND: Er hat vor allem die Technik ernst genommen.

LINDNER: Frenkel war ein Leningrader Physiker. In der Sowjetunion entstanden während der Zwanzigerjahre wichtige neue Physikerschulen.

HUND: Die haben einmal auch den Lew Landau gehabt. Lifschitz musste die Lehrbücher dazu schreiben. Ferner Dimitri Iwanenko; er lebt vielleicht noch. George Gamow; er ist dann aus der Sowjetunion geflohen. Dann war da noch Friedmann. Die Arbeiten von Friedmann haben wir viel zu spät entdeckt, den hätten wir früher entdecken sollen. Frenkel und Fock waren ungefähr gleichzeitig hier in Göttingen. Das war in den Zwanzigerjahren, denn ich war bis 1927 hier. In diesen Jahren muss es gewesen sein. Kapitza kam mal zu Besuch vorbei. Er hielt einen Vortrag. Das war sehr lustig. Kapitza war in Cambridge. Er hat dort einige wagemutige Versuche mit Schwungrädern gemacht, bei denen große Energien plötzlich abgestoppt wurden. Das war ziemlich aufregend. Die Göttinger baten ihn, hier im Kolloquium einmal vorzutragen. Also Kapitza trug vor. Wir haben nicht herausgekriegt, welche Sprache er sprach. Er meinte, es sei englisch. Nein, das ging nicht.

Wir sagten: „Probieren Sie es deutsch!" Das ging auch nicht. Dann rief hinten einer dazwischen: „Reden Sie russisch, ich werde es übersetzen!" Das war einer von der alten Garde, der gerade da war. Dann redete Kapitza russisch und der andere übersetzte, da haben wir einen schönen Vortrag gehört. Er wurde dann nicht mehr nach Cambridge zurückgelassen. Mir hat ein russischer Kollege – auch, glaube ich, von den Besatzungsoffizieren nach 1945 – einmal gesagt: „Er tobte wie ein Löwe, weil er nicht rausdurfte." Er wurde in der Sowjetunion festgehalten. Er weigerte sich, etwas zu tun. Dann durfte er ein Jahr lang tun, was er wollte, und dann gefiel ihm die Physik wieder. Er hat natürlich Physik getrieben.

LINDNER: Dann war auch Paul Ehrenfest hier in Göttingen.

HUND: Der kam oft zu Besuch. Ehrenfest hatte eine kritische Haltung zu allem. Er stellte sehr bohrende Fragen. Dabei gab er zu: Das und das habe ich nicht verstanden. Er war immer ein belebendes Element in Diskussionen.

LINDNER: Eine Frage zu Ihrer Zeit in Göttingen habe ich noch. Wo haben Sie Ihre Frau kennengelernt?

HUND: Meine Frau lernte ich in Göttingen kennen. Bei einem Fest der Mathematiker in Göttingen war sie da. Sie war Hilfsassistentin bei Richard Courant. Sie war eine echte Mathematikerin. Geheiratet haben wir in Leipzig.

## Von Harvard nach Leipzig

LINDNER: Wir sprachen über Ihre Schulzeit und über Ihren Weg in die Physik vor allem an der Universität Göttingen, sowie in Marburg und Kopenhagen. Der nächste Schritt ist die Frage danach, wie Sie sich den Titel eines Professors eroberten. An welche Universität wurden Sie zuerst berufen?

HUND: Ich wurde zuerst nach Rostock berufen. Dass der Lehrstuhl frei wurde, war ein Zufall. Walter Schottky war mein Amtsvorgänger. Er ging zu Siemens. Das Unterrichten von Studenten lag ihm nicht so sehr. Da wurde halt der Lehrstuhl frei. Rostock war eine sehr bescheidene Universität. Die mecklenburgisch-schwerinische Landesuniversität war bescheiden und hatte nur einen sehr kleinen Lehrkörper. Auch die finanziellen Mittel waren eng begrenzt. Aber die Rostocker praktizierten eine geschickte Berufungspolitik. Sie beriefen einen jungen Mann, denn einen anderen konnten sie nicht finanzieren, aber den suchten sie offenbar ganz ordentlich aus. Meine Amtsvorgänger waren Otto Stern, der nachher auch einen Nobelpreis bekam, Lenz, der dann nach Hamburg kam, und Schottky. Das war eine gute Reihe. Mein Nachfolger war Pascual Jordan. Das war doch eine schöne, gute Reihe.

LINDNER: Die Menschen in Hafen- und Küstenstädten waren immer gewitzt und die Rostocker waren es auch.

HUND: Das war jedenfalls eine geschickte Berufungspolitik. Die jungen Leute gingen meistens nach drei oder vier Semestern wieder weg, weil sie etwas Größeres bekamen. Ich ging auch nach drei Semestern weg. Das war für die Studenten nicht gerade günstig, aber für das wissenschaftliche Leben anregend. Wir hatten einen sehr anregenden Dozentenverein. Alle drei Wochen trafen wir uns in einer Gaststätte. Einer hielt einen Vortrag. Da wurde wirklich zwischen Theologen und Physikern, Philosophen und Mathematikern diskutiert.

LINDNER: In Rostock hielten Sie Ihre ersten eigenen Vorlesungen.

HUND: Ich musste den üblichen Zyklus für alle Physiker lesen. In der Reihenfolge: Mechanik, Elektrizitätslehre, Optik und Wärmelehre. Aber ich führte auch schon gehobene Vorlesungen über Quantentheorie ein. Im ersten Semester las ich Quantentheorie des Atoms. Im zweiten Semester Quantentheorie der Molekel und im dritten Semester Quantentheorie der festen Körper. Das waren gerade die drei Semester, die ich da war. Als Hörer hatte ich auch Kollegen. Der Mathematiker Robert Otto Furch gehörte zu meinen Hörern, der Mineraloge Carl Wilhelm Correns ebenfalls.

LINDNER: Wie gefiel Ihnen Rostock?

HUND: Als Stadt fand ich es sehr angenehm. Einmal war der Lehrkörper harmonisch. Es gab immer ein paar alte Kollegen, die in Rostock hängengeblieben waren. Die hatten keinen Neid auf uns. Die Alten und die Jungen vertrugen sich sehr gut. Wir Jungen verkehrten fast freundschaftlich. Mit Correns und Furch stand ich sehr gut. Auch mit dem etwas älteren Experimentalphysiker vertrug ich mich sehr gut. Diesem Kreis verdanke ich auch meine Berufung.

LINDNER: Bevor Sie nach Leipzig kamen, hatten Sie eine Gastprofessur in den Vereinigten Staaten.

HUND: Ich hatte im Frühjahr 1929 eine Gastprofessur an der Harvard-Universität. Ich trug auch über die Gegenstände vor, die ich in meinem Buch „Linienspektren und periodisches System der Elemente" behandelt hatte. Die Amerikaner interessierten sich sehr für die Physik in Deutschland. Sie luden deutsche Physiker ein, und so luden sie auch mich ein. Auf dem Hinweg war ich Professor in Rostock, und auf dem Rückweg war ich Professor in Leipzig.

LINDNER: Wie kam die Berufung nach Leipzig zustande? Warum wählten Sie den Weg nach Sachsen an die Universität Leipzig?

HUND: In Leipzig bestanden zwei Lehrstühle für das Fach „Theoretische Physik". Die ordentliche Professur für theoretische Physik hatte Heisenberg seit 1927 inne. Dann bestand noch ein Extraordinariat. Das hatte Wentzel inne, der schon vor Heisenberg nach Leipzig gekommen war. Theodor Des Coudres war krank, und so war es Wentzel, der damals die moderne theoretische Physik nach Leipzig einführte. Doch Wentzel bekam eine Berufung nach Zürich und nahm sie an. Damit war der Lehrstuhl frei. Heisenberg hatte praktisch das Vorschlagsrecht. Das war klar. Er hat sich überlegt, dass er Hund nehmen könnte. Aus Rostock war ich zu gewinnen.

LINDNER: War die Universität Leipzig reizvoll für Sie?

HUND: Es war etwas ganz anderes als Rostock. Es war eine bedeutende Universität. Das Fach war durch Peter Debye und Heisenberg bedeutend vertreten. Man war einfach mit der lebendigen Wissenschaft in einem besseren Kontakt. In Rostock hat man sich wohl mehr um die Allotria gekümmert und mit den Vertretern anderer Fächer verkehrt. Der Kreis war persönlicher, vertrauter als in der doch schon etwas großen Universität Leipzig. Aber es war klar, dass ich Leipzig annehmen musste. Ich sagte mir natürlich: „Ich bin nur der junge Mann von Heisenberg. Das darf keine Lebensstellung werden!" Es war auch einer der Gründe, dass ich mich immer von Leipzig weg wünschte. Heisenberg sollte sich nach ein paar Jahren einen anderen jungen Mann suchen. Dann kam das Dritte

Reich dazwischen und da hatte ich als Born-Schüler keine Chance mehr, wegberufen zu werden. Debye hatte die Experimentalphysik. Heisenberg hatte die theoretische Physik. Später beriefen wir unter großen Schwierigkeiten im Dritten Reich den Physikochemiker Karl-Friedrich Bonhoeffer. Die Mathematik war in Leipzig immer gut vertreten. Da war noch der alte Otto Hölder, Paul Koebe und Leon Lichtenstein. Das waren Leute von Weltruf. Später beriefen wir Bartel Leendert van der Waerden. Ludwig Weickmann hatte die Meteorologie. Das war, wenn ich nur vom engen Fach spreche, doch schon eine bedeutende Konstellation. Gegenüber Rostock war dieser Kreis für mich ein großer Fortschritt.

## Seminar „Heisenberg mit Hund"

LINDNER: Waren Sie aufgeregt, als Sie im Juli 1929 in Leipzig Ihre Antrittsvorlesung hielten?

HUND: Nein, ich hielt ganz gern Vorlesungen und Vorträge. Das muss ich zugeben. Ich kann mich entsinnen, dass es eine Menge von Leuten war, die da hingingen. Die Antrittsvorlesung wurde immer in der Aula gehalten. Die war gut besucht.

LINDNER: Kann man sagen, dass Heisenberg nach der Übernahme der Professur im Herbst 1927 das Ziel hatte, in Leipzig etwas Ähnliches aufzubauen wie er es in Göttingen und Kopenhagen erlebt hatte?

HUND: Selbstverständlich, würde ich sagen. Heisenberg hatte so etwas nicht nur in Göttingen, sondern auch in München erlebt. Der Sommerfeldsche Kreis war etwas Besonderes. Da kamen bedeutende Leute heraus. In Leipzig fand Heisenberg günstige Bedingungen vor. Sachsen war ein wohlhabendes Land. Die Ausstattung des Instituts war nicht schlecht. Mit Debye vertrug er sich gut. Er war umgänglich, und man redete sich gegenseitig nicht viel hinein. Debye hatte das große Haus mit vielen Leuten. Wir hatten das kleinere Haus. Das Gebäude war 1905 erbaut worden. In der Zeit, in der man auch aufwendig bauen konnte. Ringsherum war ein tiefer Graben, um Erschütterungen abzuhalten. Wir besaßen auch für theoretische Physik einen großen Hörsaal. Dort war ebenfalls eine Sammlung, in der ich einige komische Apparate fand, die ich mir gar nicht erklären konnte. Da drehte man an Zahnrädern. Mir wurde die Sache klar, als ich bei Ludwig Boltzmann in seinem Lehrbuch diese Apparate wiederfand. Boltzmann war kurze Zeit Professor in Leipzig.

LINDNER: Wurden Sie auch auf Arthur Erich Haas aufmerksam?

HUND: Der war aber vor mir in Leipzig. Er hatte sich für Geschichte der Physik interessiert. Haas verdankte ich damals, dass ich in der Bibliothek des Instituts gute historische Sachen vorfand. Die Gesamtausgabe von Christiaan Huygens und solche Sachen waren da. Ich glaube, das war der Einfluss von Haas.

LINDNER: Es wäre aufschlussreich, wenn Sie nun etwas genauer den sich formenden Kreis um Heisenberg beschreiben könnten. Wer waren die ersten Schüler, die Sie mit ausgebildet haben?

HUND: Als ich nach Leipzig kam, waren im Heisenbergschen Kreis Guido Beck, Felix Bloch und Edward Teller. Das waren so die drei ersten. Heisenberg hatte nur eine Assistentenstelle. Wenn er einen neuen guten Mann bekam, dann musste ich ihn manchmal als Hilfsassistenten nehmen. Edward Teller war mein erster Hilfsassistent. Ich hatte nur eine Hilfsassistentenstelle – also nur eine bescheidene Bezahlung. Edward Teller und Felix Bloch waren bei mir erst einmal Hilfsassistenten. Nachher wollte ich auch einmal einen eigenen Mann haben. Alfred Recknagel war mein erster eigener Doktorand.

LINDNER: Trotzdem waren Sie nicht unglücklich, dass Sie Leute wie Bloch und Teller als Hilfsassistenten hatten.

HUND: Es war ein gutes Verstehen. In den Sommerferien war ich mit meiner Frau einmal in Budapest. Wir sind von Tellers herumgeführt worden und haben Ausflüge mit Edward Teller gemacht.

LINDNER: Wo spielte sich die wissenschaftliche Diskussion ab?

HUND: Das Zentrum des theoretischen Kreises war das Seminar „Struktur der Materie", das Heisenberg mit Hund abhielt. Das hat ja später immer Spaß gemacht, wenn die Leute im Vorlesungsverzeichnis lasen, dass Heisenberg seinen Hund mitbrachte: „Heisenberg mit Hund". Die Geschichte des „mit" bekam ich allmählich heraus. Es gab in der Physik eine Anzahl weniger Ordinariate. Eigentlich nur die zwei: Debye und Heisenberg. Und eine Anzahl Extraordinariate. Ich hatte ein Extraordinariat. Ich war nur persönlicher Ordinarius. Das heißt, ich bekam das Gehalt eines Extraordinarius, aber stand im Vorlesungsverzeichnis, einfach weil ich das in Rostock schon war. Es gab Eifersüchteleien zwischen den beiden Gruppen. Das war klar. Dann war die Frage, ob ein „Exer" überhaupt ein Seminar abhalten durfte. Heisenberg wagte es darum nicht, „Heisenberg und Hund" zu schreiben, was das Normale gewesen wäre. Er schrieb „Heisenberg mit Hund". Das war eine Abstufung. So ein „mit" durfte man unter Umständen für einen Assistenten anwenden. Später haben wir uns darüber hinweggesetzt. Das ist die Geschichte von dem „mit". Das hat mir später Spaß gemacht, denn im Institut war ich der Zweite. Heisenberg war Direktor des Instituts, ich war Abteilungsleiter.

LINDNER: Aber in der Lehrtätigkeit wirkten Sie beide gleichrangig und gleichwertig.

HUND: Wir konnten es nicht ganz machen, weil Heisenberg die Verantwortung für die Lehre des Faches hatte. Wir haben immer darauf geachtet, dass Heisenberg ein bisschen mehr Kursusvorlesungen hielt als ich. Wir haben nicht genau abgewechselt. Ich hatte auch noch so eine lästige Verpflichtung, in gewissen Abständen den Chemikern Mathematik beizubringen. Das war eine Vorlesung über mathematische Methoden der Naturwissenschaften. Ich machte es einige Male, wimmelte es mir aber nachher ab.

LINDNER: Wie teilten Sie sich mit Heisenberg die Doktoranden auf?

HUND: Die erste Garnitur ging zu Heisenberg. Es war mir klar, dass ich da nicht die erste Reihe bekommen konnte. Also Felix Bloch ist Doktorand von Heisenberg. Edward Teller ist Doktorand von Heisenberg. Carl Friedrich von Weizsäcker ist Doktorand von Heisenberg. Hans Euler ist Doktorand von Heisenberg. Aber die Vorlesungen hörten die Doktoranden bei beiden. Das Seminar „Struktur der Materie" hielten wir beide ab. Da machten wir auch eine gewisse Arbeitsteilung. Der Rangunterschied war klar. Die hohen, grundsätzlichen Fragen – das war das Ressort von Heisenberg. Ich machte mehr Anwendungen. Ich beschäftigte mich damals mit der Theorie der Moleküle und habe später die Theorie der festen Körper ausgearbeitet. Auch die Spezialvorlesungen, die Heisenberg hielt, waren grundsätzlicher Art, und ich las dann „Theorie der Moleküle" oder „Aufbau des festen Körpers" und ähnliche Themen. Ebenfalls in den Doktorthemen war diese Arbeitsteilung da. Aber die Schüler waren gemeinsame Schüler.

## Schauplatz Linnéstraße 5

LINDNER: Herr Professor Hund, Sie charakterisierten in Ihrem Buch zur „Geschichte der Quantenmechanik" die Universitätsstadt Leipzig als einen der Schauplätze der theoretischen Physik des 20. Jahrhunderts, an dem es eine Blütephase der physikalischen Forschung gab. Welche Forschungsprofile waren markant für den naturwissenschaftlichen Schauplatz Leipzig während des Wirkens von Heisenberg in der Messestadt?

HUND: Als Debye und Heisenberg nach Leipzig berufen wurden, lag nicht nur die Quantenmechanik fertig da, sondern auch ihr physikalischer Gehalt war verstanden worden. Die letzten Schritte waren die Unbestimmtheitsbeziehung von Heisenberg, die Komplementarität bei Bohr. Das hat im Jahr 1927 stattgefunden, unmittelbar vor Heisenbergs Amtsantritt in Leipzig. Für Heisenberg war dann eigentlich dieses als Forschungsgegenstand erledigt. Er musste natürlich – auch in seiner Antrittsvorlesung hat er es getan – bei anderen Gelegenheiten darauf eingehen und musste Aufsätze über die physikalische Bedeutung der neuen Theorie schreiben. Aber er fing doch allmählich einiges andere an. Es gab damals einige Phänomene, die man nicht sofort und nicht direkt mit der Quantenmechanik verstand. Dazu gehörten der Ferromagnetismus und auch die Supraleitung. Heisenberg gab sich mit dem Ferromagnetismus ab. Dachte sich Modelle aus. Aber es kam nicht ganz zur wirklichen Lösung. Sein Schüler Bloch hat eine Arbeit über die Leitfähigkeit der Metalle geschrieben. Solche Anwendungen der Quantentheorie standen damals im Vordergrund der Diskussionen in Leipzig. Ein Anwendungsgebiet war die Molekülbildung. Edward Teller arbeitete über die Wasserstoffmolekel. Das war noch 1929, in der Zeit, als mich auch die Wasserstoffmolekel interessierte. Da diskutierten wir darüber. Es war eine Reihe von Anwendungen. Aber Heisenbergs Blick ging allmählich weiter. Die Theorie der Atomkerne kam 1932 in ein neues Stadium, indem das Neutron experimentell entdeckt wurde und Heisenberg sofort erfasste, dass man jetzt wohl den Aufbau der Atomkerne verstehen könnte – gebaut aus Protonen und Neutronen. Da ist eine ganze Reihe von Arbeiten, zunächst über die leichten Kerne – weil es einfacher war – erschienen. Das ging bis zu Weizsäckers Bemühungen um die Kernphysik. Das stand so in den Jahren 1932 bis 1936 im Vordergrund. Dann wurde Heisenberg klar, dass bei hohen Energien doch besondere Phänomene auftreten und die gewöhnliche Quantenmechanik nicht voll zuständig für diese Phänomene war. Er sah in der kosmischen Strahlung einen Zugang zu diesen Phänomenen. Die Beschleuniger, die Teilchen hoher Energie herstellen, gab es noch nicht. Es war sozusagen die kosmische Strahlung ein durch die Natur gegebenes Laboratorium. Darum hat er sich sehr bemüht. Das stand etwa in den Jahren 1936 bis 1940 im Vordergrund. In dieser Zeit vollzog Heisenberg den Übergang von der Atomphysik zur Kernphysik zunächst und dann zur Teilchenphysik. Euler war einer der bedeutenden Schüler. Bernhard Kockel kam damals auch zu dieser Gruppe. Das war nach 1933 die verringerte Gruppe. Dann kam der Krieg und der besondere Auftrag an Heisenberg. Ab 1940 rückte Heisenberg allmählich von Leipzig weg zu anderen Aufgaben. Ich selbst beschäftigte mich im Wesentlichen mit dem Bau der Moleküle. Das hatte ich schon in Kopenhagen angefangen und in Rostock etwas fortgeführt. In Leipzig waren noch einige Ergänzungen zu bringen. Als die Rolle des Elektrons im Molekül erledigt war, ging ich zur Rolle des Elektrons im festen Körper über.

LINDNER: Wenn man die Leipziger Universität der 30er Jahre in der theoretischen Physik mit den Universitäten Göttingen und München vergleicht, entsteht die Frage, ob die Leipziger Universität etwas von dem Glanz der Zwanzigerjahre retten konnte?

HUND: Der Glanz der Universität Göttingen wurde 1933 plötzlich zerstört, und in Leipzig wurde er allmählich zerstört. Die Situation hing von den Personen ab. Fangen wir in München an. Sommerfeld war dicht vor der Emeritierung. Er ist vielleicht auch etwas vorzeitig in die Emeritierung gegangen. In Göttingen waren 1933 Born, Franck, Courant und Weyl einfach weg. Da musste man sich mit Vertretungen durchhelfen. In Leipzig sind Heisenberg, van der Waerden, Bonhoeffer, Hund geblieben. Das ist ein Unterschied. Aus dem Seminar verschwanden unsere guten Leute aus dem westlichen Ausland. Die Ungarn, die Juden waren, einige Amerikaner und Schweizer, die verschwanden. Wir hatten noch gute Leute wie Supek aus Jugoslawien, einen Türken, Grönblom aus Finnland blieb. Ich würde sagen, dass die Besetzung des engeren Kreises etwa auf die Hälfte reduziert war, aber nicht weiter. Van der Waerden kam. Er hielt zum Beispiel Vorlesungen über Gruppentheorie. „Wir schliefen wie einst auf Wanderfahrten, heut' im Kolleg von van der Waerden." Das ist ein Schüttelreim, der wahrscheinlich von Weizsäcker stammt. Weizsäcker hatte das geübt. Er besaß so eine Begabung. Der konnte Schüttelreime aus dem Ärmel schütteln.

LINDNER: War Carl Friedrich von Weizsäcker als Student und Assistent ein kleiner Schelm?

HUND: Für Institutsfeste lieferte er Beiträge. Wenn ich solches Zeug erzählen darf, fällt mir eine Geschichte ein. Als Carl Friedrich von Weizsäcker promoviert hatte, machten wir im Institut ein kleines Fest. Das war 1933. Da kam ich auf die Idee zu einer kleinen Ansprache. Wir stellten erst einmal fest, dass eigentlich Carl Friedrich von Weizsäcker sehr jung war. Er war noch nicht ganz 21 Jahre alt. Ich zog mir eine Art Mantel an und trat auf: „Herr von Weizsäcker, im Auftrag der Fakultät muss ich Ihnen eine traurige Mitteilung machen. Wir haben festgestellt, dass Sie noch nicht volljährig sind. Die Genehmigung Ihres Vaters liegt nicht vor." Also, solches Zeug machten wir auch. Aber von Carl Friedrich von Weizsäcker ist zu sagen, dass er jugendlich war. Er war immerhin klüger als die anderen. Durch das Elternhaus war er auch weltläufig, viel im Ausland gewesen. Das wirkte natürlich.

LINDNER: Durch den Machtantritt Hitlers riss 1933 die Verbindung zum Institut von Niels Bohr in Kopenhagen nicht ab. Der wissenschaftliche Austausch setzte sich in den 1930er Jahren fort.

HUND: Ich erzählte, dass ich 1926/27 auf Stipendium dort war. Ein paar Jahre später fing Bohr an, meist jährlich eine Zusammenkunft zu organisieren. Da war ich mindestens zwei- bis dreimal dort. Sicher war ich 1934 einmal da. An 1936 kann ich mich erinnern. Aber 1937 war ich sicher noch einmal da. Dreimal vor dem Kriege dürfte ich in Kopenhagen gewesen sein. Einmal als ich hinfuhr, traf ich in Flensburg auf der Straße den Kopfermann. Der fuhr ebenfalls hin. Oder wir trafen im Zug ein andermal Lise Meitner. Wir haben mal bei Niels Bohr in Kopenhagen den Beschluss gefasst: „Wenn wir über Politik reden, darf jeder zwar schimpfen, aber nur über seine eigene Regierung, nicht über eine fremde."

LINDNER: Bohr ist ein Physiker gewesen, der es verstand, mit Forschern verschiedenster politischer Gesinnung den wissenschaftlichen Verkehr zu pflegen. Zu ihm hatten – was doch bemerkenswert ist – Physiker aus der Sowjetunion, aus den Vereinigten Staaten und aus Deutschland trotz der divergierenden Ideologien ihrer Regierungen ein gesundes Vertrauen.

HUND: Das war durch Bohrs wissenschaftliche Bedeutung der Fall. Selbstverständlich spielte dabei auch sein menschliches Format eine Rolle. Er hat auch später politischen Einfluss gesucht. Er versuchte wohl, den amerikanischen Präsidenten und auch die englische Regierung davon zu überzeugen, dass man die Kernkraft nur international anwenden dürfe und dass eine internationale Konvention gefunden werden müsste, was aber nicht geschah. Die Tragweite der Kernkraft hat Bohr dann – sobald er sich damit beschäftigt hat – erfasst. Strittig ist das Gespräch zwischen Heisenberg und Bohr im Herbst 1941.

## Wahrnehmung der NS-Diktatur

LINDNER: Ein weiterer Themenkreis, der über die Wissenschaft hinausgeht, ist die Wahrnehmung des Dritten Reichs aus der Sicht eines Wissenschaftlers. Ich denke, dass dieses Thema für alle Nachgeborenen und auch gerade für junge Menschen wichtig ist, die entweder das Leben in einer Diktatur nicht kennengelernt haben oder andere Formen der Diktatur erlebt haben. Es war doch sicher 1933 von vornherein ein Konflikt vorhanden. Eine so international gestrickte Wissenschaft, wie es die Physik war, passte doch überhaupt nicht rein in eine so nationalistisch und eng zentrierte Ideologie- und Staatskonstruktion.

HUND: Ich kenne nur ganz wenige theoretische Physiker, die damals Hoffnungen auf Hitler setzten. Wir wussten natürlich: „Die Weimarer Republik funktioniert nicht!" Die Demokratie war schon durch das Präsidialregime abgeschafft. Man wusste eigentlich nie, wer eigentlich in der Weimarer Republik regierte. Dass da irgendetwas geändert werden musste, das war im Grunde allen klar. Aber ich glaube, dass die allermeisten Kollegen, jedenfalls die ich näher kannte, sagten: „Hoffentlich kommen wir um Hitler herum." – Ich interessierte mich damals für den sogenannten Tatkreis. Das war eine Zeitschrift und eine Gruppe. Wir kriegten allmählich heraus, dass der General Schleicher dahinter stand. Auf diese Bemühungen setzten wir einige Hoffnungen. Da das Parlament nun einmal nicht funktionsfähig war, hofften wir auf eine gewisse Koalition zwischen den Gewerkschaften auf der einen Seite und der Reichswehr auf der anderen Seite. Ein System braucht einen Schutz. Das konnte nur die Reichswehr sein. Auf der andern Seite brauchte ein System die Zustimmung der Bevölkerung. Das konnte durch die Gewerkschaften geschehen. Aber diese Balance herzustellen, das ist auch Schleicher nicht gelungen. Ich war sehr erschrocken, als Hindenburg im Januar 1933 Hitler die Macht in die Hand gab. Ich kenne kaum einen näheren Kollegen, der da nicht große Befürchtungen hatte. Natürlich waren wir viel zu optimistisch. Dass das gleich in die Kriegsrüstung und die Vorbereitung eines großen Krieges gehen würde, das dachten wir vielleicht gar nicht. Das war nicht sofort sichtbar. Wir dachten: „Diese Leute sind gar nicht fähig, zu regieren. Das erledigt sich." Es gab zwei politische Richtungen. Man sagte: „Am Ende steht irgendeine Art Sozialismus. Es geht entweder rechts herum oder es geht links herum." Links herum, das war das Lager der linken SPD und der Kommunisten. Rechts herum, das waren konservative Kreise, die in keiner Weise Hitler-Anhänger waren. Da wurde viel diskutiert. Ich erinnere mich an einen Vortrag von Otto Strasser. Ein Bruder von Gregor Strasser. Es war ein Vortrag, der uns allerdings befremdete, weil er den Weg links herum bevorzugte. Gregor Strasser versuchte, die Nationalsozialisten zu zähmen und in unser politisches System hineinzubringen. Das ist alles misslungen. Erschrocken waren wir – um auf die Physik zurückzukommen – über die rasche Einführung der Beamtengesetze: Die Entlassung aller Beamten, die jüdische Vorfahren hatten und nicht im Ersten Weltkrieg an der Front gekämpft haben. Wir wussten andererseits, dass hinter dem Antisemitismus ein unbewältigtes Problem lag. Städte wie Breslau oder auch Berlin konnten sich vor dem raschen Zustrom der Juden aus dem Osten nicht retten. Das war einfach ein Problem, das auch nicht mit bloßer Toleranz gelöst werden konnte. Alle diese Widersprüche waren uns klar.

In Leipzig sind von meinen direkten Kollegen von dem Beamtengesetz zunächst keine betroffen gewesen. Lichtenstein war wohl schon lange Beamter. Ihn traf es nicht. Levy war noch Assistent, war aber Frontkämpfer. Sie waren zunächst nicht betroffen. Die Entwicklung ging dann aber rasch über diese Gesetze hinweg, aber das war auch nicht vorherzusehen.

LINDNER: Für Sie und Ihre Kollegen war der erste Schock der Eingriff des Staates in die personelle Struktur der Universität. Wie veränderte sich das Klima an der Universität?

HUND: Wenn man von einer Volksstimmung redet, meint man die Menschen, die sichtbar sind. Mir fiel es zum Beispiel auf, dass sich in Leipzig einfach das Straßenbild vor dem 5. März und nach dem 5. März 1933 – da war die Wahl – geändert hatte. Ein anderer Menschentyp war auf einmal zu sehen. Robustere Leute. Die anderen blieben zu Hause und traten nicht mehr in Erscheinung. Trotz der Beamtengesetze war unser Verhältnis zu den Parteifunktionären in Leipzig nicht so schlecht wie woanders. Die hatten Verständnis für Wissenschaft. Die wussten, dass man da vorsichtig vorgehen musste. Es gab keine direkten Kontakte zur Partei. So war es nicht. Heisenberg berichtet in seinem Buch „Der Teil und das Ganze“ von Gesprächen, die nicht zu einem Verständnis führten. Vor allem die Jugend fühlte sich von uns verlassen. Die Jugend hoffte auf Hitler.

LINDNER: Hatte Heisenberg schon 1933 Konflikte mit den Behörden?

HUND: Ein Zwischenfall ist in dem Buch von Elisabeth Heisenberg geschildert. Meine Erinnerung ist ein bisschen anders, aber das sind keine wesentlichen Punkte. Das war folgendes. Ich glaube im November 1933 war es. Um den 9. November herum – einem empfindlichen Datum – wurde bekannt, dass Heisenberg den Nobelpreis für das Jahr 1932 erhält. Das freute uns. Ich hatte an dem Tag, wenn ich mich richtig erinnere, die eigentliche Kursusvorlesung. Am Anfang der Vorlesung drückte ich einfach meine Genugtuung darüber aus, dass Heisenberg den Nobelpreis bekommen hatte. Ich erwartete jetzt einen großen Applaus. Schweigen. Nur Schweigen. „Gut“, dachte ich, „da ist etwas passiert.“ Ich hielt also meine Vorlesung und fragte anschließend: „Was war denn bei Heisenberg los?“ Es gab eine größere Ortsgruppe der nationalsozialistischen Studenten. Schließlich kam heraus, dass die Partei an Heisenberg herangetreten war, an einer Kundgebung teilzunehmen. Das war in Leipzig in der Albert-Halle. Ich ging hin. Das war am 11. November 1933. Heisenberg lehnte es ab, daran teilzunehmen. Das war eine sehr merkwürdige Veranstaltung. Da saßen ein paar Männchen vorn. Es wurde eine Zustimmungserklärung für Adolf Hitler erwartet. Wir hörten uns das auf den Hinterbänken an. Das war eine groß aufgemachte Geschichte.

LINDNER: Ein Religionsphilosoph an der Universität Leipzig, dem 1935 die Lehrbefugnis entzogen wurde, war Joachim Wach. Begegneten Sie ihm?

HUND: Ja, ich begegnete ihm. Das war aber vor 1933. Das kam so. Eine Gruppe von Studenten organisierte 1932 ein Ferienlager an der Ostsee in Lüchentin. Aus dem Professorenkreis erhielten Joachim Wach und ich eine Einladung. Wie die Auswahl zustande kam, weiß ich nicht. Unter der Gruppe waren ein oder zwei Leute, die ich kannte. Ich hatte in Leipzig Beziehungen zu jugendbewegten Kreisen. Als Thema des Lagers wurde gewählt „Deutschland zwischen Frankreich und Russland". Ich bereitete mich anhand der Literatur und meiner sonstigen Kenntnis vor. Dann stellte sich heraus, dass Wach entweder nicht konnte oder nur kurze Zeit dort war. Jedenfalls musste ich die Sache allein bestreiten. Ich musste auch noch einen lächerlichen Konflikt ausbügeln. Da saß neben uns so eine Stahlhelmgruppe. Die hatte so eine schwarz-weiß-rote Fahne. Meine Leute waren ärgerlich und sagten: „Die holen wir runter." Das war nun ungehörig. Ich musste diesen Konflikt einigermaßen ausbügeln.

LINDNER: In der Sitzung der Philosophischen Fakultät, in der es um den Entzug der Lehrbefugnis aus rassischen Gründen ging, waren die Professoren Heisenberg, van der Waerden und Hund diejenigen, die dagegen protestierten. Vom Ministerium wurde über diesen Vorfall in Leipzig ein genauer stenographischer Bericht angefordert. Wie erinnern Sie den Vorfall, der das Ministerium in Erregung versetzte?

HUND: Dieses Protokoll kenne ich nicht. Es gibt einige verschiedene Lesarten. Je nach dem Fach wird das immer verschieden erzählt. Ich erzähle es so, dass es sich um die Entlassung des Mathematikers Friedrich Levy handelte. Ein Kollege aus der Sprachwissenschaft erzählt es so, dass es sich um die Entlassung des dortigen Sprachwissenschaftlers handelt. Diese dritte Fassung wäre dann die von dem Philosophen Wach. Offenbar wurden in einer Sitzung diese Namen alle genannt. Wir drei hatten spontan – das war eine ziemlich spontane Handlung – das Gefühl, das können wir nicht einfach nur mit eisigem Schweigen anhören und den Mund halten. Einer der Gesichtspunkte bei mir war, dass es sich um Kriegsteilnehmer handelte. Levy hatte hohe Kriegsauszeichnungen. Ich dagegen war nicht an der Front. Ich empfand: „Ich muss mich jetzt eigentlich schämen vor dem Mann!" Das wurde von einigen Kollegen als ein etwas zu starker Ausdruck angesehen. Das erzählten sie mir hinterher. Ich weiß nur, dass wir drei – Heisenberg, van der Waerden und ich – einen Rüffel vom Reichsstatthalter bekamen. Der war ernst gemeint, wurde aber vom Rektor so milde beurteilt, dass es fast schon etwas komisch wurde.

## Widerstand gegen die „deutsche" Physik

LINDNER: Wann begannen im NS-Staat die Angriffe gegen die Relativitäts- und Quantentheorie?

HUND: Zur Diffamierung der theoretischen Physik kann ich vielleicht folgende Episode erzählen. Bekannt ist das Machtstreben von Johannes Stark. Er wurde Präsident der Physikalisch-Technischen Reichsanstalt und wollte so etwas wie der Führer der Physik werden. Er war ein unbequemer Kollege, hatte sein Amt schon aufgegeben. Dann kam die Physikertagung in Würzburg. In Würzburg im September 1933 war die erste Physikertagung im Zeitalter des Nationalsozialismus. Dort fand eine zentrale Mitgliederversammlung und zunächst eine Festsitzung statt. Einige Vorträge wurden gehalten. Dann drängte sich Max von Laue unprogrammgemäß auf das Rednerpult und hielt einen Vortrag über Galileo Galilei. 1933 war gerade ein Jahrhundertgedenktag für das Erscheinen

**Abb. 6.1. (folgende Doppelseite)** Begnadeter Hochschullehrer: Friedrich Hund im Leipziger Institut 1937. Die Aufnahme wurde von Christian Fischer aufbewahrt, der bei Heisenberg und Hund studierte und im Juli 1942 zur „Kernumwandlung von Stickstoff durch schnelle Neutronen" promovierte.

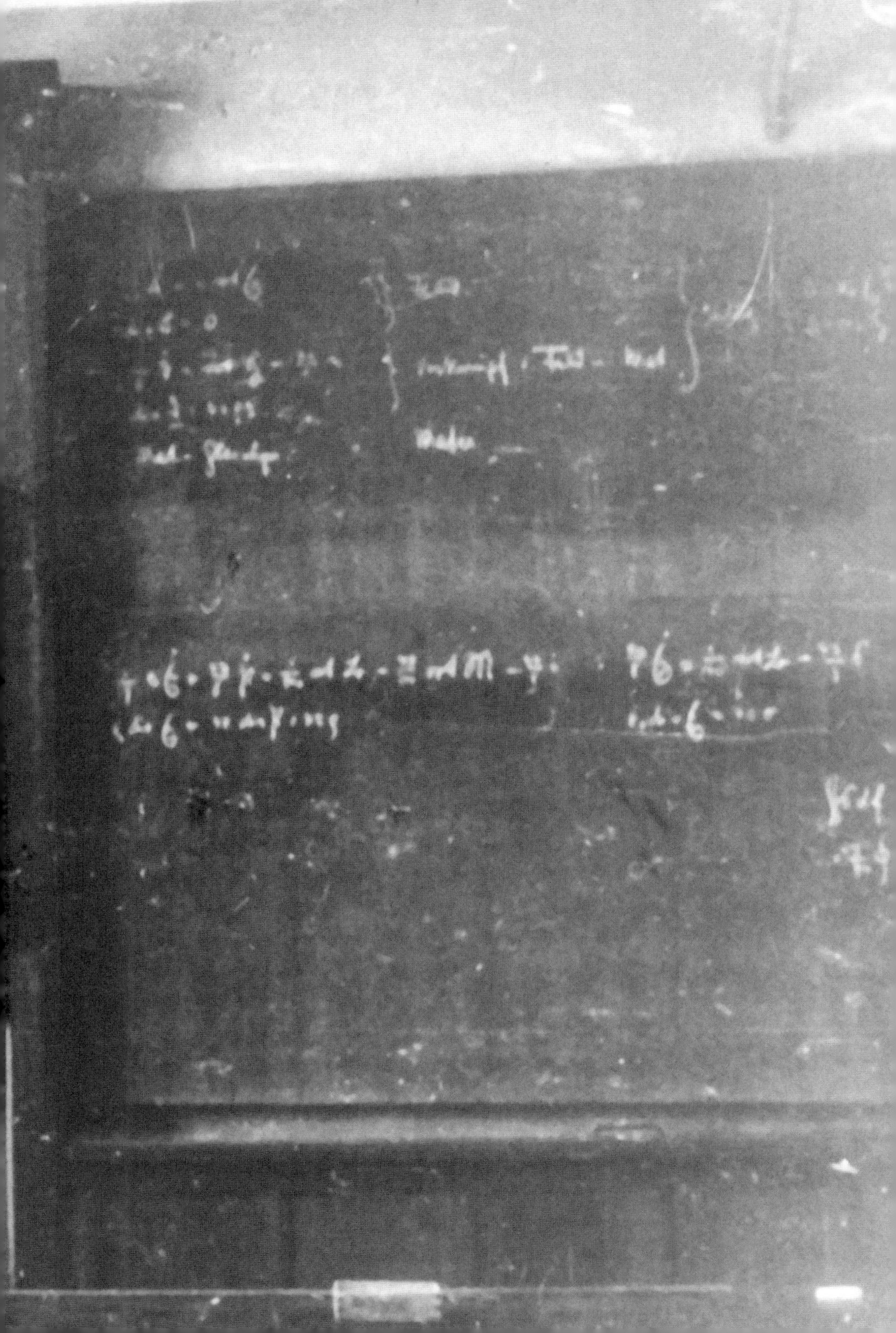

der Gespräche über die Weltsysteme. Das hat Max von Laue geschildert. Der Satz „Sie bewegt sich doch!“ ist eine Legende, das wusste Laue auch. Aber der Satz entsprach der Wahrheit und dem Gedanken, dass sich die Wahrheit durchsetzt. Das war ein Schlag gegen Johannes Stark. Laue hat den Namen „Johannes Stark“ nicht ausgesprochen. Am Tag selbst war ein Vortrag von Johannes Stark über die Pläne der Physikalisch-Technischen Reichsanstalt vorgesehen. Er unterbreitete ungeheure Vorschläge, die nie verwirklicht wurden. Gut, das kann man sich anhören. Schließlich fand die Mitgliederversammlung statt und da sollte der neue Vorsitzende gewählt werden. Johannes Stark bekam zwei Stimmen. Zwei Stimmen; wir wissen noch, wer der zweite war. Das war viel. Daraufhin reiste Stark ab. Dieser Reinfall ergrimmte ihn. Das ist klar. Aber das war schon 1933. In der Mitte der 30er Jahre setzten die Angriffe gegen Heisenberg ein, um die Berufung nach München zu verhindern. Aber das ist alles veröffentlicht.

LINDNER: Begann sich die Wissenschaftlerzunft gegen die Angriffe auf die theoretische Physik zu wehren?

HUND: Es gab eine Eingabe der Physiker über das Verhältnis von experimenteller und theoretischer Physik. Das ist aktenkundig. Ich habe den Wortlaut hier in der Mappe. Die Eingabe war unterschrieben von 95 % der Physikprofessoren. Das ergrimmte die Parteigrößen. Einige der Aktiveren bei dieser Eingabe waren wohl Prandtl und Willy Wien. Prandtl hatte eine starke Stellung, denn auf seine Hydrodynamik war die Luftwaffe angewiesen. Der konnte sich so etwas leisten. Heisenberg hat bei dieser Eingabe selbstverständlich auch mitgewirkt.

LINDNER: Die Angriffe, die sich während der 30er Jahre gegen Heisenberg richteten, sind in der Literatur detailliert geschildert worden. Vielleicht können wir dennoch über diese Dinge sprechen. Johannes Stark erhob bei der Einweihung des Philipp-Lenard-Instituts in Heidelberg folgenden Vorwurf: Der „theoretische Formalist“ Heisenberg sei „Geist vom Geiste Einsteins“. Vor allem sagte Stark aber, „Geist vom Geiste Einsteins, der unvereinbar ist, mit nationalsozialistischem Geist“. Ist es nicht sogar so, dass diese Differenz der verschiedenen Geisteshaltungen hier zunächst einmal ganz richtig beschrieben wird?

HUND: Da ist gar nichts dagegen zu sagen. Selbstverständlich war der nationalsozialistische Geist nicht mit dem Geist der theoretischen Physiker vereinbar. Hinter der ganzen Feindschaft gegen Heisenberg steckte nicht nur die Politik. Daran muss man auch denken. Sowohl Lenard als auch Stark mussten erschrocken sein, dass da auf einmal junge Leute kommen und Probleme lösen, die sie nicht lösen konnten. Johannes Stark hat diese drei Bändchen über die Atomphysik geschrieben. Aber der dritte Band war schon beim Erscheinen eigentlich Makulatur, weil inzwischen Bohr die Probleme erklärt hatte. Das haben diese doch wirklich bedeutenden Experimentalphysiker einfach nicht vertragen.

LINDNER: Sie haben es vielleicht deshalb nicht vertragen, weil es auch wirklich schwierig war, es zu verstehen?

HUND: Natürlich, sie waren nicht in dem Sinne theoretisch geschult. Was ich jetzt sage, war eine nicht nur in dieser politischen Gruppe, sondern eine unter Experimentalphysikern weit verbreitete Meinung: „Ja, was Einstein gemacht hat, das ist ein Formalismus, der mag die Theoretiker interessieren, aber uns geht das eigentlich nichts an. Solche Dinge wie das Zwillingsparadoxon, das sind Illustrationen von Formeln, aber nicht Aussagen über die Wirklichkeit." Ich erinnere mich genau an ein Gespräch, das ich damals mit einem Experimentalphysiker hatte, wo er diesen Standpunkt vertrat: „Das mag für Euch Theoretiker ganz nützlich und nett sein. Ich habe nichts dagegen, wenn das in Euren Vorlesungen vorkommt, aber was geht das eigentlich die Physik an? Das illustriert nur Formeln. Diese Formeln brauche ich nicht." Also dieser Standpunkt, den nicht nur dieser eine Experimentalphysiker vertrat und das war ein guter Experimentalphysiker, besagte, dass das eine Spezialwissenschaft sei, die sie wenig angeht und da sei eine große jüdische Propaganda, die das in den Vordergrund geschoben hat. Da hat es sicher auch in der Propaganda für Einstein Ungeschicklichkeiten gegeben. Das muss man doch alles zugeben. Trotzdem unterschrieben bedeutende Experimentalphysiker wie Willy Wien die erwähnte Erklärung. Es gab nur ganz wenige Ausnahmen, die nicht unterschrieben.

LINDNER: Wie hatte sich Johannes Stark nun den nationalsozialistischen Geist der Physik vorgestellt? Das ist sicher etwas schwer Fassbares, dieser nationalsozialistische Geist.

HUND: Ich würde sagen: Nicht jüdisch. Nicht theoretisch. Experimentatoren, die gute Experimente machen wie er selbst.

LINDNER: Wenn man die Summe der Ereignisse nimmt, konnte sich Stark mit seiner Vermengung von Physikverständnis und nationalsozialistischer Ideologie nicht einmal im NS-Staat durchsetzen. Dann ist es doch so gewesen, dass es auch im nationalsozialistischen Staat in der Bürokratie Leute gab, die begriffen: „Ohne theoretische Physik geht es nicht!" Ich glaube, dass dieser Realismus in der Folgezeit dann doch auch da war.

HUND: Das hat sich sehr langsam durchgesetzt. Eine der Erklärungen entweder von Heinrich Himmler selbst oder von seinem Kreis lautete: „Die Partei soll sich aus diesen rein wissenschaftlichen Fragen heraushalten!" Diese Einstellung hat sich erst allmählich durchgesetzt. Die Bedeutung der Physik wurde der Partei erst etwa 1942 durch die U-Boot-Katastrophe klar. Es ging eine Menge U-Boote verloren, weil die Engländer ein physikalisches Verfahren eingeführt hatten, sie festzustellen. Da begann man umzudenken.

LINDNER: Sie schilderten zunächst einmal die Anfangspunkte der Angriffe, die von Stark und Lenard gegen Heisenberg in Leipzig gerichtet wurden. Welche psychologische Situation entstand daraus für Sie und Heisenberg an der Universität Leipzig? Die Angriffe die aufgebaut und in den Apparat der Ideologie eingespeist wurden, konnten sehr gefährlich werden. Können Sie diese Schwierigkeit, in der Sie steckten, etwas genauer beschreiben?

HUND: Da unterliegt man immer ein bisschen der Gefahr einer Erinnerungstäuschung. Es passiert leicht, dass man Einsichten, die man erst später hatte, auf frühere Zeiten projiziert. Wir kapierten das alles nicht gleich so genau. Aber hier habe ich das Original des Aufsatzes „Weiße Juden in der Wissenschaft" aus der Zeitschrift der SS „Das schwarze Korps". Das ist vom 15. Juli 1937. Ich möchte mein Gefühl trotz der Gefahr der Erinnerungstäuschung wiedergeben. Ich sagte mir: Wir haben jetzt zwei Möglichkeiten. Heisenberg hat die eine gewählt. Man muss sich dagegen wehren und muss dazu in diese Machtelite irgendwie hineinkommen. Die muss man irgendwie erreichen. Das hat er dann auch schließlich durchgesetzt. Ich hatte mehr den Eindruck: Ach, wir sollten doch ganz froh sein, dass die Regierung von der theoretischen Physik nichts hält, solange wir nicht als Professoren abgesetzt werden und solange wir nur einen ganz kleinen Hörer- und Schülerkreis haben. In einer solchen Situation ist es am besten, sich möglichst klein zu machen. Das ist meine Taktik eigentlich immer gewesen: „Ich mache mich klein! Ich bin zu dumm, um euch die Physik zu machen, die ihr haben wollt! Das kann ich nicht!“ Aber Heisenberg war als Nobelpreisträger in einer anderen Situation. Er war auf das Podium gestellt.

LINDNER: War er nicht dadurch, dass er auf das Podium gestellt war, in der Pflicht sich härter zu wehren, weil er für junge Leute ein Symbol war?

HUND: Ja. Ja, die beiden Entscheidungen waren wahrscheinlich beide richtig. Es kann sein, dass ich Heisenberg auch mal sagte: „Lass das doch auf sich beruhen, die Leute vergessen das doch auch wieder. Was in der Zeitung steht, ist kein Dokument für die Ewigkeit.“

LINDNER: Aber Sie formulierten nach dem 15. Juli 1937 eine Beschwerde. Sie schrieben an den Reichsminister für Wissenschaft, Erziehung und Volksbildung Rust eine Beschwerde über Johannes Stark. Sie solidarisierten sich mit Heisenberg gegen die Angriffe.

HUND: Natürlich. Heisenberg war mein Kollege. Ich musste das tun.

LINDNER: Wir sprachen eben über die Schmähschrift „Weiße Juden in der Wissenschaft“. Hier zu Hause in Ihren Akten bewahren Sie Ihre Beschwerde auf, die Sie am 20. Juli 1937 verfassten. Ich darf zitieren:

> „Herr Reichsminister, die Zeitung ‚Das schwarze Korps‘ vom 15. Juli bringt unter der Überschrift ‚Weiße Juden in der Wissenschaft‘ zwei Aufsätze. Den ersten ohne Nennung eines Verfassers. Den zweiten aus der Feder von Herrn Stark. Der erste Aufsatz enthält neben Beleidigungen von Planck und Sommerfeld ganz schwere Schmähungen meines Kollegen Heisenberg insbesondere dadurch, dass er mit dem Landesverräter Ossietzky in Parallele gesetzt wird. Diesen Ausführungen tritt nun im zweiten Aufsatz Präsident Stark bei. Er bekämpft so eine von ihm für abwegig gehaltene Forschungsrichtung der Physik, an der Planck und Heisenberg hervorragend beteiligt sind und die wir anderen Physiker als sehr wesentlich ansehen, dadurch, dass er sie für jüdisch erklärt und dadurch, dass er an

> Unanständigkeit kaum zu überbietende Beleidigungen Heisenbergs unterstützt. Ich bedaure, dass ein deutscher Physiker sich dazu hergegeben hat."

Soweit der Text, geschrieben inmitten einer Diktatur. Würden Sie die Bemerkung vom „Landesverräter Ossietzky" heute noch so schreiben?

HUND: Wohl nicht. Aber ich gebe zu, dass ich damals sozusagen ein Zugeständnis an den Empfänger des Briefes gemacht habe. Ich wusste über Ossietzky sehr wenig. Man hätte sich anders ausdrücken können und sollen.

LINDNER: Man hätte es anders ausdrücken können, aber trotzdem zeigt der sprachliche Kompromiss doch auch die politische Situation. Es zeigt sich eben auch der ideologische Druck, dem Sie als Wissenschaftler im Dritten Reich ausgesetzt waren. Zugleich ist es so, dass Sie im Rückblick über diese Dinge sprechen und nicht den Fehler des sprachlichen Zugeständnisses an die Machthaber verleugnen. Hat dieser Brief der Solidarisierung mit Heisenberg eine Wirkung gehabt?

HUND: Das weiß ich nicht. Ich bekam keine Antwort darauf.

## Vorträge zur Quantentheorie

LINDNER: Professor Hund, wie viele andere Physiker auch – wie der ältere Planck oder wie der jüngere Weizsäcker – legten Sie Wert darauf, die Entwicklung in der Physik den Kollegen und auch dem interessierten Laien zu vermitteln. Sie hielten während Ihrer Leipziger Zeit Vorträge für ein breiteres Publikum. Auf der Königsberger Naturforscherversammlung von 1930 fällt auf, dass sowohl Fachvorträge als auch erkenntnistheoretische Vorträge gehalten wurden. Nahmen Sie an der großen Veranstaltung in Königsberg 1930 teil?

HUND: Ich war auf dieser Naturforscherversammlung. Auch einen Fachvortrag hielt ich. Dass in Königsberg philosophische Fragen zur Geltung kamen, liegt natürlich am Ort. Es ist die Stadt von Kant. An einzelne

Vorträge, die ich gehört habe, kann ich mich nicht mehr so sehr erinnern. Den Vortrag von Hilbert hörte ich. Der ist auch auf Schallplatte aufgenommen.

LINDNER: Der Vortrag „Wandlungen in der Begriffsbildung der theoretischen Physik", den Sie in Breslau hielten, ging – wie Sie erzählten – auf die Einladung Ihres Leipziger Kollegen Felix Krueger zurück. Während des Krieges veröffentlichten Sie den Vortrag „Das Naturbild der Physik", in dem Sie verschiedene Entwicklungsstufen der theoretischen Physik seit dem 17. Jahrhundert – seit Isaac Newton – skizzieren und dabei den Weg bis zur Gegenwart der modernen Physik einschlagen. Bei welcher Gelegenheit entstand dieser Vortrag?

HUND: Der Vortrag lag in einer Reihe von Vorträgen, die in Potsdam gehalten wurden. Ich glaube, auch Felix Krueger war der, der mich dazu aufforderte. Ich sah keinen Grund, mich dem zu versagen. Wenn die Hörer so etwas interessiert, darf man es ihnen nicht vorenthalten. Sonst erzählt es ein anderer schlechter. Meine Frau und ich hatten mit den beiden Kruegers verkehrt. Wir luden uns gegenseitig ein. Felix Krueger gehörte zum engeren Bekanntenkreis. Wie genau der Vortrag zustande kam, das weiß ich nicht mehr. Ich erinnere mich nur, dass an dem Nachmittag irgendein schwerer Luftangriff auf Berlin war und dass einige Hörer aus Berlin nicht kamen. Ich weiß auch noch, dass ich zu feige war, mit der Eisenbahn über Berlin nach Potsdam zu fahren, sondern dass ich auf einem anderen Weg mit der Bahn nach Potsdam gefahren bin.

LINDNER: In diesem Vortrag zitierten Sie als wichtige Literatur „Atomtheorie und Naturbeschreibung" von Bohr, „Wandlungen in den Grundlagen der Naturwissenschaft" von Heisenberg, „Die Physik des 20. Jahrhunderts" von Jordan und „Zum Weltbild der Physik" von Weizsäcker. Das sind alles Arbeiten, in denen Physiker die Erklärung und Deutung der neuen Quantenphysik des Atoms für einen breiteren Interessentenkreis leisteten.

HUND: Ich bilde mir nicht ein, etwas Originelles dort vorgetragen zu haben. Das, worüber ich sprach, war die Meinung der theoretischen Physiker.

## Im Professorenkränzchen

LINDNER: Sie schilderten den Kreis der Physiker, der sich nach Heisenbergs Berufung in der Linnéstraße 5 versammelte. Welchen Raum nahm in Ihrem Leipziger Wirken das Gespräch zwischen den Natur- und Geisteswissenschaftlern ein?

HUND: Die Universität war ziemlich groß. Man kannte nicht alle. Es bildeten sich in Leipzig verschiedene wissenschaftliche Kränzchen. So kann man sie etwa nennen. Eines nannte sich „Coronella". Dem gehörte Heisenberg an. Darin waren der Philosoph Hans-Georg Gadamer, der Altphilologe Wolfgang Schadewaldt, der Romanist Walter von Wartburg und der Kunsthistoriker Theodor Hetzer. Bedeutende Leute. Wahrscheinlich war die „Coronella" unter den Kränzchen das am höchsten gestochene. Ich selbst war in einem anderen Kränzchen. Da gehörte der Philosoph Hans Driesch zum Beispiel dazu. Der Philosoph Arnold Gehlen, der nachher auch bekannt wurde. Der Kunsthistoriker Beenken. Gadamer gehörte beiden Kränzchen an, aber das war eine Ausnahme und eigentlich nicht zulässig. Es sollten auch nicht zwei Vertreter desselben Faches in einem Kränzchen sein. Insofern konnte ich nicht in dasselbe Kränzchen kommen, in dem Heisenberg war. Heisenberg und ich erzählten uns immer, was in dem einen oder anderen los war. Infolgedessen wurden mir auch die Interessen des anderen Kränzchens bekannt. Ich glaube, das war eine etwas informelle, aber doch für das Leipziger Geistesleben wichtige Begegnung zwischen den Fächern. Natürlich fand auch dort das Gespräch zwischen Philosophie und Physik statt. Theodor Litt, glaube ich, gehörte keinem dieser beiden Kränzchen an. Wir kannten Theodor Litt. Seine Redekunst war berühmt. Litt konnte ohne jede Vorbereitung druckreife lange Sätze in einer Fakultätssitzung sagen. Das war unheimlich. Litt hatte eine sehr distanzierte Stellung zur Naturwissenschaft. Er formulierte immer so philosophische Einwände gegen die Relativitäts- und Quantentheorie. Die mussten wir ihm dann zerstreuen. Es lief meist darauf hinaus, dass man Litt klarmachte: „Das sind ganz kleine Effekte. Die Änderungen, die durch die Relativitäts- und Quantentheorie hineinkamen, spielen für das gewöhnliche Leben, das Sie mit Ihrem Raum- und Zeitbegriff meinen, keine Rolle." Damit hat man sich meist beruhigt. Litt ist nicht in den eigentlichen Kern der theoretischen Physik eingestiegen. Gadamer hatte ein besseres Verständnis. Gadamer interessierte sich sehr für die antike Atomistik. Das war immer ein Anknüpfungspunkt, wenn man mit Gadamer sprach. Er besaß ein richtiges Gefühl dafür, dass das, was die Physiker da machen, doch einigermaßen solide ist. Das war die mehr informelle Begegnung zwischen den Natur- und Geisteswissenschaftlern. Dann gab es die Sächsische Akademie der Wissenschaften. Da saßen von den Philosophen Litt, Gadamer und Felix Krueger mit drin. Driesch war emeritiert.

LINDNER: Driesch und Heisenberg betreuten zum Ende der Zwanzigerjahre gemeinsam eine Dissertation zur Begriffsbildung in der Physik. Traten auch Sie ähnlich wie Heisenberg vor Philosophen zur modernen Physik auf?

HUND: Wenig. Aber ich trug in Breslau in dem Kreis von Krueger vor. Ich kann mich allerdings nicht mehr erinnern, wer dort mitdiskutiert hat. In der Akademie wurden gelegentlich öffentliche Vorträge gehalten. Da trug ich vor; jedoch mehr zur Beziehung von Mathematik und Physik und nicht zur Philosophie. Begegnungen mit Leuten vom Wiener Kreis hatte ich eigentlich nicht. Hans Reichenbach ist mir nie begegnet. Rudolf Carnap sprach ich einmal.

LINDNER: Von der Avenarius-Kommission der Sächsischen Akademie der Wissenschaften wurde 1934 – gewiss auf Initiative von Heisenberg – eine naturphilosophische Preisfrage nach den Konsequenzen der modernen Physik für die Theorie der Erkenntnis gestellt. Im Juni 1936 wurden drei Arbeiten und darunter eine Studie von Grete Hermann mit dem „Richard-Avenarius-Preis“ ausgezeichnet und anschließend veröffentlicht.

HUND: Grete Hermann war im Institut in Leipzig und trug zur Erkenntnistheorie vor. Wann genau das war, kann ich nicht mehr sagen. Es war aber vor dem Erscheinen ihrer gedruckten Abhandlung. Die von Grete Hermann auf die Preisfrage eingereichte Arbeit las ich. Die gab mir Heisenberg. Mir war auch bekannt, dass drei Arbeiten in die engere Wahl kamen und gedruckt wurden. Als die Arbeiten von Grete Hermann erschienen, war sie bereits aus Deutschland emigriert.

LINDNER: Sie berichteten über die Professoren-Kränzchen als dem Ort der Begegnung zwischen den Fächern. Wie kommt es, dass Gadamer in zwei Kränzchen war?

HUND: Das weiß ich auch nicht. Weil er ein bedeutender Philosoph war.

LINDNER: Gab es derartige Kreise auf ihrem akademischen Weg nur in Leipzig oder auch anderswo?

HUND: Ich kenne es auch aus anderen Universitäten. In Göttingen gab es zu meiner Zeit einen Privatdozentenclub. Dazu gehörte Erich Weniger, der Historiker Mommsen, der Altphilologe Fränkel, der Physiker Rietschel. Nach meiner Habilitation forderten die mich auf, da einzutreten. Wir trafen uns in den Wohnungen und hielten uns da Vorträge. Dann kam die Leipziger Zeit. Nach meinem Weggang nach Jena versuchte ich mit Erfolg, so ein Kränzchen an der Universität Jena einzurichten. Eine Reihe von Kollegen, die vorher in Leipzig lehrten, waren nach Jena gegangen. Zum Beispiel der Romanist von Jan. In Jena funktionierte das auch. Ein Grundsatz war immer, möglichst alle Richtungen vertreten zu sehen und nicht zwei Vertreter desselben Faches. Das wurde in Leipzig eingehalten. Das wurde auch in Jena eingehalten.

LINDNER: Wurde wie in der Mittwochs-Gesellschaft Protokoll geführt?

HUND: Mir ist kein Protokoll in Erinnerung. Die Mittwochs-Gesellschaft in Berlin war eine politisch gefährliche Angelegenheit. Da hat Heisenberg Glück gehabt, dass die Gestapo nicht allzu sehr auf ihn aufmerksam wurde. Von der Mittwochs-Gesellschaft hat er mir gelegentlich erzählt. Heisenberg ist allmählich nach Berlin gegangen. 1939 bekam er die militärische Einberufung. Er dachte: „Ich komme jetzt zu den Gebirgsjägern." Aber er kam in diesen physikalischen Kreis. Dann war das Tauziehen zwischen Heereswaffenamt und anderen. Heisenberg fuhr oft nach Berlin. 1942 schied er in Leipzig offiziell aus. Gelegentlich erzählte er mir mit einiger Vorsicht von der Mittwochs-Gesellschaft. In den Kränzchen, an denen ich teilnahm, schrieb ich meinen Vortrag auch nie auf. In dem Vortrag sprach ich zur Physik, aber auch über die Frage „Was bedeutet die moderne Physik für unsere Erkenntnis?". Es kamen andere Themen vor. Die Astrophysik war damals sehr lebendig. Ich entsinne mich an die Themen: „Wie sind Sterne gebaut?" oder „Wie lebt ein Stern?" Um die Astrophysik kümmerte ich mich ein bisschen.

## Heisenbergs Nachfolger im Krieg

LINDNER: Im Jahr 1943 wurden Sie in Leipzig der Nachfolger auf dem Lehrstuhl von Heisenberg.

HUND: Die Ernennung wurde 1944 ausgesprochen. Ich erinnere mich, dass wir vorher in der Fakultät Überlegungen anstellten, aber das Gefühl hatten, dass man das bis nach Kriegsende aufheben sollte. Die Hörerzahl und die Zahl der Seminarmitglieder waren so gering, dass ich das alleine bewältigen konnte. Ich bin nicht gefragt worden, ob ich den Lehrstuhl haben will, was mir sehr lieb war. Denn ich hätte sonst vielleicht abgelehnt: „Ich will doch nicht Heisenbergs Nachfolger werden, da sollen sie einen Besseren berufen!“ Aber ich bin nicht gefragt worden und bekam eines Tages die Mitteilung. Da widersprach ich nicht. Ich kriegte monatlich sieben Mark mehr Gehalt.

LINDNER: Als Heisenberg Direktor am Kaiser-Wilhelm-Institut für Physik wurde, amtierten Sie als Direktor des Theoretisch-Physikalischen Instituts in Leipzig.

HUND: „Direktor“ besagte nicht viel. „Direktor“, was war das schon? Ich hatte keine Sekretärin. Ich hatte allerdings eine Assistentenstelle. Aber selbst diese Assistentenstelle besetzte ich nicht, denn ich musste sie für die besseren Leute freihalten, die Soldaten waren – für Euler oder für Kockel. Schwieriger war, dass nach dem zweiten großen Luftangriff auf Leipzig Gerhard Hoffmann, der Direktor des Instituts für experimentelle Physik, krank wurde und ich dann mindestens einige Monate oder sogar ein Jahr geschäftsführender Direktor der gesamten Physik war.

LINDNER: Waren unter den Hörern während des Krieges mehr Frauen und weniger Männer, weil die Männer an die Front mussten?

HUND: Es war nicht so stark wie im Ersten Weltkrieg. Männer wurden immer mal zwischendurch beurlaubt. Ich erinnere mich, immer mal in Militäruniform Hörer gehabt zu haben. Der Überschuss der Frauen war nicht so ausgesprochen wie im Ersten Weltkrieg. Genau kann ich das Verhältnis zwischen Männern und Frauen nicht mehr angeben, aber die Hörerzahl insgesamt war während des Krieges ganz gering. Die große Experimentalphysikvorlesung musste ich erst nach dem Krieg lesen, weil niemand da war, der das machen konnte.

Lindner: Ihr großes Lehrbuch zur Theoretischen Physik ist den Jahren nach 1945 erschienen. Der erste Band, der die Mechanik behandelte, erschien 1945 in Leipzig. Wann begannen Sie die Arbeit an dieser Folge von Lehrbüchern?

Hund: In Leipzig wurden wir immer einmal von Verlegern geplagt. Wir sollten doch ein Lehrbuch schreiben. Hirzel hatte solche Pläne. Er ist auch an mich herangetreten. Ich sagte ihm, dass ich Besseres zu tun hätte als Lehrbücher zu schreiben. Ein Buch Heisenbergs zur Quantentheorie erschien 1929 bei Hirzel. Auch Springer trat einmal mit dem Wunsch heran, und ebenfalls das Bibliographische Institut in Leipzig. Otto Mittelstaedt war Mitarbeiter von Karolus gewesen. Sie machten damals im Leipziger Institut auch eine der genauesten Bestimmung der Lichtgeschwindigkeit. Das gelang mit Hilfe eines von Karolus erarbeiteten Effekts. Mittelstaedt heiratete in das Bibliographische Institut hinein und wurde praktisch wissenschaftlicher Leiter dieses Instituts. Er hätte auch gern ein Lehrbuch gehabt. Im Jahre 1943 grassierte während des Krieges infektiöse Gelbsucht. Die hat uns alle irgendwie gepackt. Mich auch. Es dauerte eine Weile. Der Arzt war ein bisschen bedenklich. Ich erholte mich sehr langsam und hatte das Gefühl: „Jetzt schaffe ich keine Forschung." Ich hatte schon ein Manuskript angefangen. Das spätere Buch „Materie als Feld". Ich fotokopierte es und packte es ein. Hinterlegte eine Fotokopie in einem Banksafe in einer Kleinstadt irgendwo anders, damit es ein wenig konserviert war. Ich fragte mich: „Was tue ich jetzt?" Da sagte ich mir: „Jetzt kann ich Lehrbücher schreiben." Ich glaube, der Vertrag mit dem Bibliographischen Institut ist wenige Tage vor dem großen Luftangriff im Dezember 1943 auf Leipzig unterschrieben worden. Nach dem Luftangriff war klar, dass man keine vernünftige Forschung mehr treiben konnte. Da musste man aufräumen. Auch für sich selber sorgen, damit man am Leben blieb und die Familie am Leben blieb. Diese etwas unfruchtbare Zeit zwischen 1944 und 1951 füllte ich mit dem Schreiben von Lehrbüchern. Es schloss offenbar eine Marktlücke. Die damaligen Lehrbücher waren entweder zu dick – das war der Clemens Schäfer – oder sie waren später zu schwierig – das war der Landau / Lifschitz. Da in der Mitte, nicht nur für die theoretischen Physiker geschrieben, sondern für die Physiker geschrieben, so habe ich es aufgefasst: „Ich schreibe ein Buch für die Physiker." Ich glaube, es war damals ein Erfolg. Es war auch für das Finanzamt ein materieller Erfolg. Damals gab es noch die Kontrollratsgesetze, dass praktisch alles ans Finanzamt ging.

LINDNER: Man darf also sagen, dass das Lehrbuch in der Konzipierung und im Beginn auch noch ein Ergebnis Ihrer Leipziger Zeit ist.

HUND: Ja, das sind ungefähr die Vorlesungen, wie ich sie in Leipzig und später in Jena hielt. In Leipzig schrieb ich nur die Mechanik. Elektrizität und Optik kamen auch früh dazu, denn die drei wurden einmal in einem Bändchen zusammengebunden. Mit der Wärmelehre hatte ich Pech. Das Manuskript gab ich einmal einem Assistenten. Dem wurde der Koffer gestohlen, in dem es lag. Die Wärmelehre musste ich neu schreiben.

## Prorektor im Kellerversteck

LINDNER: Sie waren als Lesender mit der Wiedereröffnung der Universität voll gefordert. Trotzdem möchte ich eine ganz andere Frage stellen. Die theoretischen Physiker wurden nach dem Krieg und nach dem Zusammenbruch der NS-Diktatur von beiden Seiten, von Ost und West, einkassiert. Hat man Sie da vergessen?

HUND: Ach, das ging ein bisschen komisch zu. Einige Tage vor Abzug der amerikanischen Militäradministration im Juli 1945 wurden eine Reihe von Kollegen zum amerikanischen Geheimdienst, muss man wohl sagen, bestellt. Es wurde mitgeteilt, dass sie die Gelegenheit hätten, mit den Amerikanern abzuziehen. Bei diesem ersten Schub bin ich offenbar vergessen worden. Ich erfuhr natürlich von Kollegen und erwartete, dass man dieses Vergessen bemerken würde. Am Nachmittag wurde ich höflich aufgefordert, auch hinzugehen. Als eine Art Gunst wurde mir mitgeteilt, dass ich die Gelegenheit hätte, mit den Amerikanern mitzukommen und auf diese Weise der russischen Besatzung entzogen zu werden. Ich war sogar noch so frech und sagte: „Das ist sehr nett, aber wenn ich es nicht annehme?" Die Antwort war: „Wir werden Sie schon kriegen." Nun, ich überlegte mir sehr, was zu tun sei. Ich muss zugeben, wenn diese Einladung durch Vermittlung eines mir bekannten amerikanischen Kollegen ausgesprochen worden wäre, hätte ich sie angenommen. Ein Angebot der amerikanischen Geheimpolizei, das schien mir bedenklich. Die Motive waren: Es wäre ein Sprung ins Ungewisse geworden. Ich hatte keine Ahnung, was sie vorhatten. Ich wusste auch nicht, wie gut oder schlecht eine russische Besatzung sein würde. Ich war sicher, dass ich nicht im Uranverein mitgewirkt hatte. Sonst hätte ich mitgehen müssen, denn dann wäre klar gewesen, dass mich die Russen nach der anderen Seite mitnehmen würden. In dem Punkte fühlte ich mich ziemlich sicher. Die Nacht blieb ich wach, telefonierte mit allen möglichen Kollegen. Teilte ihnen meine Entscheidung mit. Ich erfuhr auch, dass Robert Döpel die Absicht hatte, nicht mitzugehen. Das war im Juli 1945. Über der ganzen Stadt war schwarzer Rauch: Aktenverbrennung. Das erlebten wir zweimal. Aktenverbrennung war ein Anzeichen des politischen Systemwechsels. Das war mir klar. Ich habe mich am andern Morgen verzogen.

LINDNER: Wie hielten Sie den Kontakt zur Familie?

HUND: Meiner Frau sagte ich: „Ich bleibe nicht in der Wohnung. Wenn eine wichtige Mitteilung zu machen ist, halten wir Kontakt über den Pfarrer.“ Der Pfarrer wohnte in der Nähe. Ihm teilte meine Frau meine Telefonnummer mit. In diesen Tagen wohnte ich im Keller eines zerstörten Hauses eines mir befreundeten Mannes. Da war sogar noch ein Telefon. Das war sehr lustig hinterher. Die Amerikaner kamen mit dem Auto an. Mit schwarzen Fahrern. Sie luden meine Frau und die fünf Kinder in dieses Auto. Die Fahrt ging zum Reichsgerichtsplatz. Da stand das Auto. Meine Frau und die fünf Kinder und andere Kollegen saßen da drin. Nach einer Weile hatte meine Frau den Eindruck, eigentlich schlecht bewacht zu sein. Sie stieg mal aus und lud erst einmal die Kisten oder die Kinder aus dem Auto. Mit Hilfe einiger Passanten schleppte sie Kisten und Kinder – die beiden Jüngsten konnten eigentlich noch nicht laufen – zur Straßenbahn. Sie ging wieder in die alte Wohnung nach Marienbrunn. Das wurde mir vom Pfarrer mitgeteilt. Meine Frau und ich verabredeten einen Treffpunkt in einem Gebüsch in der Nähe. Wir trafen uns dort heimlich und verabredeten, dass sie auch erst einmal die Wohnung verlässt und eine Woche im Haus eines Bekannten auf dem Dachboden verbringt. Einer uns bekannten jungen

Familie in Marienbrunn mit Namen Fischer, die keine Wohnung hatte, war von uns versprochen worden: „Wenn die Amerikaner uns wegholen, ziehen Sie bitte bei uns ein. Wir wollen das Haus nicht unbewohnt stehen lassen. Und dann warten wir das weitere ab." Also die Familie Fischer zog am nächsten Tag ein. Dann kamen wieder die Amerikaner und fanden meine Frau und die Kinder nicht vor, sondern nur eine Familie Fischer. Sie verwechselten diese Fischers mit Christian Fischer, dem Assistenten bei der Physik. Sie wollten die Familie mitnehmen, aber es gelang ihnen, den Amerikanern klar zu machen, dass sie mit der gesuchten Person nicht identisch sind. Das war schon eine ziemlich gefährliche Situation.

LINDNER: Wurden Sie dann doch noch aufgespürt?

HUND: Ich wohnte in meinen Trümmern und wartete, was werden würde. Ich hatte mich noch nicht endgültig entschlossen, dachte aber: „Wenn die Familie bleiben kann, bleibe ich auch hier!" Ich wollte auch die Universität nicht verlassen. Ich war Prorektor der Universität. Mit einigen Kollegen stand ich in Verbindung. Einmal ging ich zum Rektor zu Besuch. Das war noch Schweitzer. Beim zweiten Mal rief mich Schweitzer mit der Bitte an, ihn nicht mehr zu besuchen. Das könne er sich gegenüber der Besatzungsmacht nicht leisten. Ein lustiger Vorfall war auch bei Litt. Auch Litt hatten die Amerikaner das Angebot gemacht. Das erfuhr ich und ging also mal zu Litt und beriet das mit ihm. Er empfing mich: „Ach, Herr Hund, bei mir ist gerade der Herr Penham, der Beauftragte für die Wegführung der Kollegen. Ach, Herr Kollege, wo tue ich Sie hin? Hier ist mein Schlafzimmer." Er stopfte mich in sein Schlafzimmer. Litt verhandelte mit Penham. Das hörte ich teilweise durch die Tür. Litt lehnte es auch ab, mitzugehen. Als Penham wegging, ging er aus Versehen in das Zimmer, wo ich im Dunkeln saß. Er sah mich nicht und wir lachten hinterher sehr darüber, dass der Penham mich beinahe erwischt hätte. Aber natürlich hatten die Amerikaner der deutschen Polizei den Auftrag gegeben, mich zu suchen. Aber die deutsche Polizei hat keine Veranlassung gehabt zu einer größeren Aktivität. Wenn sie gewollt hätten, brauchten sie nur die Dienstmädchen der Dekane verhören, um herauszubekommen, ob ich noch da bin. Es war ein nettes Abenteuer.

LINDNER: Sie waren zu diesem Zeitpunkt schon Prorektor der Leipziger Universität und den konnte nun keiner finden.

HUND: Als die Russen einzogen, sah das sehr kümmerlich aus. Mit Panjewagen und müden Pferdchen zog die Besatzungsmacht da ein. Da zogen wir wieder in unser Haus. Dann waren wir wieder da. Dadurch hatte ich eine Nummer bei der Regierung. Der Kultusminister – er war natürlich Kommunist – aber ich hatte bei ihm eine Nummer. Ich wurde oft gefragt und sagte: „Bilden Sie sich nicht ein, dass das eine Entscheidung für den Kommunismus sei." Ich wollte allein die Freiheit. Ich wollte nicht in die Hände eines fremden Geheimdienstes fallen, das soll man vermeiden. Ich hatte meine Aufgabe an der Universität. Schweitzer hat das honoriert. Ich gewann an Ansehen als Prorektor. Ich wurde dann, als die Nachricht vom Abwurf der Atombombe kam, von der russischen Geheimpolizei jeden zweiten Tag verhört. Die stellten dann fest, dass ich über die Atombombe nichts wusste. Ich war sicher, dass ich nicht auf der Liste des Uranvereins stand, während Döpel mitgenommen wurde und nach Russland ging.

LINDNER: Ist Döpel mitgenommen worden oder ging er freiwillig?

HUND: Wie wollen Sie das unterscheiden? In jeder Diktatur gibt es Dinge, die man freiwillig tun muss. Im Nationalsozialismus musste man viele Dinge freiwillig tun und in der DDR musste man auch viele Dinge freiwillig tun.

LINDNER: Bei Döpel war gewiss die besondere Situation, dass seine Frau bei einem amerikanischen Bombenangriff ums Leben gekommen ist. Dadurch hatte er gewiss keine Ambition, in die Vereinigten Staaten zu gehen.

HUND: Es war für ihn ein schwerer Schlag, denn sie haben eng zusammengearbeitet. Sie hatten keine Kinder, waren aber doch auf dieser Welt eng verbunden.

## Forscher mit Seltenheitswert

LINDNER: Professor Hund, Sie waren kein Nationalsozialist, Sie waren kein Kommunist, aber unter den verschiedensten politischen Bedingungen – zunächst in der Weimarer Zeit, dann während des Dritten

Reichs, schließlich während der Anfangsjahre der DDR und danach unter den Bedingungen der Bundesrepublik – hielten Sie immer die Fahne der Physik, der Wissenschaft hoch. Deshalb wäre es interessant, auf die Phase des Neubeginns in Leipzig zurückzublicken. Sie wirkten an der Universität Leipzig als Prorektor und wurden nach dem Wechsel nach Jena an der dortigen Universität zum Rektor gewählt. Wie gestaltete sich Ihr wissenschaftspolitisches Wirken in diesen Umbruchs- und Aufbruchsjahren?

HUND: Zunächst zur Leipziger Zeit. Charakteristisch war, dass wir keine Landesregierung hatten. Leipzig gehörte zu Sachsen. Aber in Dresden saßen die Russen, in Leipzig die Amerikaner. Die Amerikaner hatten die Absicht, die Universität irgendwann wieder zu eröffnen. Auch in der Universität gab es Kreise, die Beziehungen zu den Amerikanern suchten. Das gelang etwas. Die Amerikaner boten Litt erst einmal so etwas wie die Leitung der Universität an, Litt lehnte das ab. Die Amerikaner bestanden darauf: „Wählen Sie erst einmal einen Rektor!" Die Meinung unter den Kollegen war: „Wir wollen Bernhard Schweitzer wählen." Er war ein angesehener Archäologe. Die Amerikaner wendeten ein: „Es müssen mehr Anwärter sein. Es muss eine Wahl sein. Machen Sie mindestens drei Vorschläge." Daraufhin machten die Kollegen drei Vorschläge. Die hießen: Schweitzer, der Theologe Alt und Hund. Ein Naturwissenschaftler sollte dabei sein. Das wurde den Amerikanern gesagt. Daraufhin bestellte der amerikanische Geheimdienst uns drei. Das war eine sehr gehobene Unterhaltung. Es war wahrscheinlich ein Universitätskollege. Den Namen hat er nicht preisgegeben. Wir unterhielten uns über politische Umstände. Dabei bemerkten wir, dass die Hauptsorge der Amerikaner dieses Komitee „Freies Deutschland" ist, was sich in Russland gebildet hatte. Das fürchteten sie offenbar als zukünftigen Einfluss. Im Wesentlichen haben wir uns über diesen Gegenstand unterhalten. Wir wussten zum Glück ziemlich wenig. Es hieß: „Wir sind mit der Wahl einverstanden. Aber wenn Sie über dieses Komitee etwas herausbekommen, dann sagen Sie es uns doch." Da kam einer von uns auf die freche Frage: „Wie sollen wir das machen? An wen sollen wir uns wenden?" Da lächelte der Mann etwas: „Ich bin nur mysterious person. Address it to Mr Brown, CIC." Wir haben uns den Namen „Brown“, so hieß er natürlich nicht, gemerkt und sind nach Hause gegangen. Die Meinung war, Schweitzer zu wählen. Das war klar. Schweitzer bekam eine gute Stimmenmehrheit. Damit wurde Schweitzer Rektor. Er erhielt den Auftrag, sich einen Prorektor auszusuchen. Da nahm er den Naturwissenschaftler Hund. Da teilten wir uns die Universität. Er war zuständig für Geisteswissenschaften, und ich war zuständig für Medizin und Naturwissenschaften. Da hatte man viel zu tun. Aber eröffnet wurde die Universität nicht. Doch Schweitzer blieb zunächst im Amt. Auch unter sowjetischer Besatzung war Schweitzer Rektor und ich war Prorektor. Da gab es einige unangenehme Situationen. Ich wurde einmal zum Verhör zum Stadtkommandanten bestellt. Da hatte es die Beschwerde gegeben: „Aus dem Schornstein des Instituts für Leibesübungen ist Rauch aufgestiegen. Aber das ist im Institut nicht erlaubt.“ Mir wurde deshalb ein Vorwurf gemacht. Ich erwiderte darauf: „Ich habe gar keinen Einfluss auf dieses Institut.“ Das war sehr unangenehm. Aber ansonsten erlebte ich eine große Freiheit in der Amtsführung. Das erste Mal erlebte ich so etwas als Soldat im Ersten Weltkrieg beim Wetterdienst. Wir hatten den Eindruck: „Die alten Knaben, die den Wetterdienst machen, sind gar nicht so gut. Wir können es besser.“ Da organisierten wir die Dinge einfach von uns aus. Das war das eine. Das andere war die erste Zeit in Leipzig. Die meisten Kollegen hatten die Amerikaner weggeführt. Ich war Stellvertretender Direktor einer ganzen Institutsgruppe: Physikalische Chemie, Physik, Geophysik und Astronomie. Es ging darum, erst einmal einen vernünftigen Stundenplan zu machen. Im Einzelnen hatte ich dabei eine große Freiheit, denn es war kein Mensch da, der einem reinreden konnte. Das war im Herbst 1945.

LINDNER: Warum konnte sich der erste Nachkriegsrektor nicht im Amt halten?

HUND: Der gute Schweitzer ist über eine dumme Äußerung eines Studenten gestolpert. Der behauptete, Schweitzer hätte das und das gesagt. Heiligabend nachmittags kam Mencke-Glückert – Staatssekretär im Ministerium von Dresden – und sollte Schweitzer zum Rücktritt bewegen. Schweitzer wehrte sich erst. Den ganzen Heilig Abend saßen wir da bis in die Nacht hinein, bis Schweitzer dann eben doch sagte: „Gut, ich trete als Rektor zurück." Daraufhin wurde Gadamer gewählt. Den hielt man als gute Mitte. Er war nicht in den NS verwickelt. Das war klar. Er war Philosoph. Ein sehr kluger Mann. Er war weltoffen. Er hatte auch Verständnis für russische Art. Gadamer nahm an, und es ging auch eine Weile ganz gut. Auch Gadamer behielt mich als Prorektor.

LINDNER: Erinnern Sie sich an die Wiedereröffnung der Universität am 5. Februar 1946?

HUND: Da war vorher eine Panne passiert. Es war eine Reihe von Eintrittskarten abhandengekommen. Es hat sich ganz harmlos aufgeklärt. Der Beamte war zu faul und hat sie erst am Nachmittag verteilt. Dadurch musste der Termin der Veranstaltung noch einmal verschoben werden. Es war eine schwierige Geschichte. Am 5. Februar 1946 erfolgte die feierliche Wiedereröffnung. Eine andere Geschichte war die Bildung des Kulturbundes. Da wurden Gadamer und ich eingeladen. Es sollte ein Kulturbund gegründet werden. Das war eine vernünftige Idee. Aber als wir da ankamen, war der Fall völlig klar, denn es hing ein Bild von Lenin an der Wand. Wir schauten uns an, und der Fall war für uns klar. Ich bin dem Kulturbund nicht beigetreten. Das war reiner Stimmenfang. Bei den Länderwahlen wollten die Kommunisten oder die SED eine Mehrheit bekommen. Diese Mehrheit hätte die SED ohne den Kulturbund nicht bekommen. Alle diese Organisationen durften auch Kandidaten stellen und viele Leute wählten diese Kandidaten. Es war ein Mittel, die absolute Mehrheit zu kriegen.

LINDNER: Es war dies die Vorgeschichte der Deutschen Demokratischen Republik, wo man als jemand, der wie ich in die DDR hineingeboren wurde, im Rückblick lernt, dass das „Demokratische" kritisch zu sehen ist. Auf jeden Fall erlebten Sie unter den Augen Lenins in Leipzig die Gründungssitzung des Kulturbundes mit. Vor allem aber lasen Sie nach der Wiedereröffnung der Universität die Physik.

HUND: Das war sehr anstrengend. Ich hatte drei Ämter. Scherzhaft schilderte ich es so: Montags und donnerstags bin ich Professor der Experimentalphysik. Dienstags und freitags bin ich Professor der theoretischen Physik. Mittwochs und samstags bin ich Prorektor der Universität. Das Letztere ließ sich nicht immer so einhalten.

LINDNER: Ihre fünf Kinder und Ihre Frau bekamen Sie kaum zu Gesicht.

Hund: Für meine Frau war das eine harte Zeit. Wie kriegen die Kinder etwas zu essen? Wie verschafft man sich Kartoffeln? Wie verschafft man sich Heizung? Wie verschafft man sich das und das? Es war furchtbar schwierig.

Lindner: An dieser Stelle die Frage: Kam mit sowjetischen Kulturoffizieren das Gespräch auch auf das Thema „Moderne Physik und Dialektischer Materialismus"? Wurde darüber geredet?

Hund: Ja. Verschiedentlich. Ich war in Jena dann Rektor. Dort vertrug ich mich mit der Ministerin, mit der Marie Torhorst. Thüringen war ein Land. Es waren die fünf Länder, wie sie heute wieder sind. Es kam eine Landesregierung in Thüringen. Mit dem Ministerpräsidenten vertrug ich mich sehr gut, mit Werner Eggerath, der nachher auch kaltgestellt worden ist. Er sprach mich bei der ersten Begegnung sofort auf die heiklen Punkte an: „Magnifizenz, Sie haben an der Universität drei schwierige Punkte." Da nannte er mir erstens den Wolf, der vor Torhorst kurze Zeit in Thüringen Minister war, von dem die Russen wollten, dass er Professor wird. Aber er hatte nicht ganz die Qualifikation. Ferner sagte er: „Dann haben Sie den Kollegen sowieso, wo doch der Verdacht besteht, dass er mit dem russischen Geheimdienst in Verbindung steht." Den dritten Punkt habe ich vergessen. Aber er sprach mich sofort auf diese drei Dinge an. Dafür war ich ihm sehr dankbar. Mit Eggerath kam ich gut aus, obwohl er mich nachher absetzen musste. Ich bin später zu seinem 60. Geburtstag eingeladen worden. Wir vertrugen uns. Mit der Ministerin kam ich zunächst auch gut aus. Einmal hatte sie wohl die Empfindung, dass ich sie in heiklen Situationen schonte. Ich musste natürlich damit rechnen, dass sie absolut von der Besatzungsmacht abhängig ist. Aber ich ließ sie das nicht so fühlen. Wir kamen oft überein: „Frau Ministerin, verordnen Sie das bitte nicht, wir tun das freiwillig." Auf dieser Basis einigten wir uns: „Ich sehe ein, dass das unvermeidbar ist, aber ich muss als Rektor die Satzung der Universität wahren und Sie haben nicht das Recht, das zu verordnen." In diesem Ton verhandelten wir. Wir sprachen auch mal über Dialektischen Materialismus. Sie war Mathematikerin. Von Physik verstand sie ein bisschen. Sie sagte, dass sie den Eindruck hätte, dass man in den engeren russischen Parteikreisen eingesehen habe, dass der Dialektische Materialismus weder der Physik widerspreche noch sie stütze. Was wohl auch stimmte. Dann wurde sie aber im Spätsommer nach Russland befohlen und kam verändert wieder. Ich kann das nur als Gehirnwäsche bezeichnen. Mit ihr war kein Wort mehr zu reden. Es war mir klar, dass ich jetzt irgendwann einmal mein Rektorat beenden muss.

LINDNER: In der Sowjetischen Besatzungszone begannen an den Universitäten erste Schritte zur Etablierung des Marxismus und des Dialektischen Materialismus. Die Stalinsche Version der marxistischen Philosophie kam mit der Kopenhagener Deutung der Quantenmechanik nicht klar. Wurde auch Ihnen vorgeworfen ein „physikalischer Idealist" zu sein?

HUND: Anton Ackermann hielt in Jena in der Aula mal einen Vortrag über Dialektischen Materialismus und Physik. Er zitierte dann immer wieder einen gewissen Friedrich Hund und wusste wohl nicht, dass ich anwesend war. Er verstand das falsch und es waren Missverständnisse. Einer meiner Freunde in Berlin, der Arzt Johannes Kupke, war heimlich Kommunist gewesen. Das ahnte ich und hinterher – nach dem Krieg – erfuhr ich es. Mit ihm sprach ich über den Dialektischen Materialismus. Mit ihm konnte ich offen reden. Da erzählte ich ihm die Geschichte von Ackermann. Da sagte er: „Ach, ich rufe Ackermann gleich an. Ihr könnt Euch doch miteinander unterhalten." Er rief Anton Ackermann an. Ackermann kam, was mich wunderte. Eine Weile unterhielten wir uns über den Dialektischen Materialismus. Ich versuchte ihm nicht die politische, sondern die naturwissenschaftliche Seite zu erklären. Ich versuchte ihm klar zu machen, welches so gewisse Grunderfahrungen der Physiker sind. Zum Beispiel die Sache mit der Komplementarität, dass das keine Geisteswissenschaft sei, sondern dass es sich um solide naturwissenschaftliche Dinge handelt. Ackermann verstand das nicht recht und sagte: „Sie reden wie Hegel." Ich erwiderte: „Ich weiß nicht genau wie Hegel redete." Auf diesem Niveau ging unser Zusammentreffen ergebnislos aus. Er war wohl kurze Zeit Chefideologe. In der DDR hatte man seitens der Partei das Gefühl: „Der Hund ist nicht prinzipiell." Ich meinte nur immer: „Als Ausgangspunkt oder Grundlage habe ich gegen den Dialektischen Materialismus nichts einzuwenden. Bloß, ich halte es nicht für die alleinige Philosophie.“ Mit Ackermann kam ich danach recht gut aus. In Jena gab es aber auch sehr komische Episoden. Zum Ersten Mai bin ich nicht hingegangen. Der Eggerath musste da Ehrungen und Preise verteilen. Da kriegte Ibrahim eine Unterhose und Hund ein paar Schuhe. Aber ich war nicht da. Ich wurde also angerufen: „Magnifizenz, Sie sollen ins Ministerium nach Weimar kommen. Sie kriegen ein paar Schuhe.“ Ich meinte: „Schuhe kann man doch schicken.“ Die Antwort: „Nein, Sie bekommen einen Bezugsschein für ein Paar Schuhe.“ Wieder fragte ich: „Warum kann man einen Bezugsschein nicht mit der Post schicken?“ Jedenfalls bekam ich ein Paar Schuhe, die passten aber nicht.

LINDNER: Blieb während des Prorektoren- und Rektorenamtes überhaupt noch Zeit für den Unterricht?

HUND: Ich habe aber trotz des Rektorats in Jena immer noch ein anständiges Seminar gehalten. Harry Lehmann war da drin. Gerhard Heber, der eine Weile auch in Leipzig war und dann in den Westen gegangen ist. Pertels war in dem Seminar, der nachher das Magnetinstitut in Jena gekriegt hat. Littner, der bei der Akademie in Berlin hübsche Sachen gemacht hat. Helmar Krupp, der hier in Karlsruhe ein Institut für Systemforschung hat.

LINDNER: Professor Hund, Sie erhielten 1949 den Nationalpreis der DDR in Zweiter Klasse. Wie bewerten Sie diesen Preis?

HUND: Ach, ich hatte halt Seltenheitswert. Es gab nicht viel Physiker. Ich ahnte so halb so etwas. Es kam die Einladung zu der Veranstaltung in Weimar. Ich fragte einen Kollegen in Jena, der engere Beziehungen zur Partei hatte: „Erfährt man denn ein bisschen, wer die Preise kriegt?“ Er sagte: „Herr Hund, nicht, dass wir Sie ganz überraschen, machen Sie sich auf Überraschungen gefasst.“ Ich sprach deshalb mit Rompe: „Sagen Sie Herr Rompe, sorgen Sie vor allem dafür, dass keine falsche Begründung hineinkommt. Es ist immer die Gefahr, dass einem das und das zugeschrieben wird, was man gar nicht gemacht hat.“ Rompe schrieb wohl die Begründung. Er hat da ein bisschen aufgepasst, dass man das nicht abzulehnen brauchte. Ich empfand es ein wenig als komisch. Stroux, damals Präsident der Akademie, der musste die Preise verteilen. Der machte immer dumme Witze. Der teilte da einen

Scheck aus und eine Medaille und machte einen Witz dazu. Der hat das einfach als Fez aufgefasst.

LINDNER: Sie hatten als Physiker Seltenheitswert und bauten nach dem Krieg mit an einer neuen, jungen Physikergeneration.

HUND: Wie in Leipzig sorgte ich in Jena dafür, dass wir erst einmal einen vernünftigen Stundenplan hatten und nicht alles kollidierte. Die Russen wollten immer alles genau wissen. Da musste man Formulare ausfüllen. So und so viele Stunden Funktionentheorie, Mechanik, Thermodynamik usw. Ich kriegte schon in Leipzig heraus, dass die vorgeschlagenen Zahlen immer durch 17 teilbar waren. Die Russen nahmen an, dass ein Semester 17 Wochen hat. Ich ging zu den Kollegen in die Sitzung. Bereitete eine schöne Multiplikationstabelle mit dem Faktor 17 vor. Das wurde jedem Teilnehmer mit den Worten hingelegt: „Wir müssen jetzt beschließen, dass die Zahlen durch 17 teilbar sein müssen. Hier ist die Tabelle. Das schreiben wir rein. Es kommt doch sowieso in den Aktenschrank." Gadamer drückte das bürokratische Verfahren mal so aus: „Das gebe ich Hund, der macht das mit einer gewissen Freude am Betrug."

LINDNER: Selbst unter Bedingungen des politischen Eingriffs verzagten Sie nicht und verloren nicht den Humor.

HUND: Natürlich war mir klar, wo die politische Macht ist. Ich sagte mir: „Die politische Macht können wir nicht antasten, aber alles andere, was nicht so direkt mit der politischen Macht zu tun hat, da können wir."

## Nicht Einfalt, sondern Vielfalt

LINDNER: Im letzten Themenkreis möchte ich Sie fragen, ob Sie heute nach dem Wiedergewinn der politischen Einheit in Deutschland eine bestimmte Vision davon besitzen, was Sie von der neuen Entwicklung der Universitäten im mitteldeutschen Raum – wie in Leipzig und Jena – erwarten?

HUND: Die Universitäten sind Länderangelegenheiten. Ich hoffe, dass die neuen Länder diese Situation ausnutzen. Sie sind also nicht verpflichtet, Fehlentwicklungen, die hier im Westen sicher stattgefunden haben, zu übernehmen. Wird die bisherige DDR, also die jetzigen fünf neuen

Länder und Ostberlin, einen Weg finden, in dem es auch einige positive Dinge, die die östlichen Universitäten wahrscheinlich hatte, bewahren? Das günstigere Verhältnis von Zahl der Studenten zu Professoren wird sich wahrscheinlich nicht halten lassen. Da werden Sie den westdeutschen Durchschnitt übernehmen müssen. Können wir zu Ihrem Fach, zur Philosophie kommen? Der Marxismus ist kein beliebiges Phänomen. Er hat mindestens historisch eine eminente Bedeutung gehabt. Auch die besondere Form des Leninismus. Das dritte Wort „Stalinismus" haben Sie weggelassen, denn nach dem Krieg hieß es ausdrücklich: Marxismus-Leninismus-Stalinismus. Es wurden einem Schriften von Stalin zum Lesen empfohlen. Die habe ich auch gelesen. Ich sagte mir immer: „Dieser plötzliche Sprung von naturwissenschaftlichen Einsichten zu einer gesellschaftlichen Doktrin ist nicht motiviert. Das ist eine politische Entscheidung, aber keine wissenschaftliche Fundierung." Die wissenschaftliche Seite des „Marxismus-Leninismus" ist ein Wert, den Sie nicht aufgeben sollten. Sie werden es natürlich nicht als verpflichtend ansehen. Das geht nicht. Der Marxismus ist eine philosophische Richtung neben andern. Außerdem sind wir im Westen der Überzeugung, dass die Ismen alle tot sind. Der Idealismus ist tot. Der Existentialismus ist tot. Der Positivismus ist tot. Die westliche Philosophie ist sehr viel bescheidener geworden. Dann gehört zum Marxismus nicht nur die Philosophie, sondern auch die Geschichte. Sie haben eine andere Geschichtsauffassung. Die plumpe Form mit der Abfolge: Zeitalter der Sklavenwirtschaft, des Feudalismus, des Kapitalismus und des Sozialismus benutzten damals nur die Subalternen. Das hat uns immer der Oberbürgermeister von Potsdam auf der Einsteinfeier erzählt, und vorher irgendein Mann im Parlamentssaal der DDR, wo ich als Ehrenpräsident dieser Versammlung mit auf der Regierungsbank saß. Aber die marxistische Art zu denken ist auch hier im Westen weit verbreitet. Heute werden viel mehr – das geht mehr von Amerika aus – die soziologischen und gesellschaftlichen Hintergründe der Wissenschaftsentwicklung erforscht. Gewiss ist das eine Zeitfolge. Erst musste man zum Beispiel bei Newton den wissenschaftlichen Gehalt durch die in Büchern und Aufsätzen publizierten Arbeiten erforschen; jetzt kann man herausbekommen: Unter welchen Bedingungen hat denn Newton gelebt? Unter welchen Umständen hat dieser oder jener Wissenschaftler gelebt? Diese Art zu fragen ist sicher gefördert worden durch die russische und durch die in der DDR übliche marxistische Betrachtungsweise. Das müssen Sie sich bewahren. Es ist nicht nötig, dass alle Universitäten das gleiche lehren. Sie können eine andere Geschichte, Sie können eine andere Philosophie lehren. Das ist auch hier der Fall. In Bremen kriegen Sie auch eine andere Physik gelehrt als an anderen Universitäten. Diese Vielgestalt wollen wir doch haben. Das ist das Recht der Länder. Alles andere, was gemeinsam ist, sind Verabredungen zwischen den Kultusministern. Das sind keine Bundesgesetze. Wir haben hier eine Kultusministerkonferenz. Die einigen sich über allen möglichen Kram.

LINDNER: Es geht im Augenblick in den Bereichen, wo Provinzialismus eingezogen ist, um das Ablegen von Provinzialismus. Das gibt es in einigen Bereichen der Geisteswissenschaften auf jeden Fall. Aber andererseits geht es um ein gesundes Selbstbewusstsein, ohne das Wissenschaft nicht funktioniert. Ohne Selbstbewusstsein und Neugier funktioniert Wissenschaft nicht. Sicher ist es gerade auch im Bereich der Physik so, dass zum Beispiel durch die Leopoldina auch über diese 40 Jahre der Spaltung hinweg, durch diese mutige und kluge Institution eine Brücke der Zusammenkunft der Naturforscher aus Ost und West da war.

HUND: Wie gesagt, für die Fächer Physik und Mathematik sehe ich kein Problem. Abgesehen von der personellen Überbesetzung, die man halt nicht finanzieren kann. Ideologische Probleme gibt es in den Naturwissenschaften nicht. Artur Lösche zum Beispiel hat sich mit der Partei arrangieren müssen. Aber er braucht nichts an seinem Unterricht zu ändern. Die Jüngeren kenne ich nicht, außer Ernst Schmutzer in Jena, der dort jetzt Rektor ist. Wir kennen die Schwierigkeit, nach Diktatur und Krieg wieder zu Verständnis zu finden. Ich bin auch einigen Schweizern sehr dankbar, dass sie nach dem Krieg zu uns gehalten haben. Ernst Carl Gerlach Stückelberg kam zu unsern Tagungen. Die Holländer waren gespalten. Einige waren sehr ablehnend gegen uns und andere eben nicht. Auch van der Waerden ist sehr zum Vorwurf gemacht worden, dass er während des Dritten Reichs Professor in Leipzig blieb.

LINDNER: Ich glaube, vieles an diesen Wunden, welche die politischen Systeme und Diktaturen gerissen haben, wird im Laufe der Zeit vielleicht doch verheilen. Man sollte hoffen, dass man aus Fehlern lernt und dass man zum Ausgang des 20. Jahrhunderts neu anfängt und Vernunft walten lässt.

HUND: Wir haben heute doch Erfahrungen gemacht und könnten und sollten uns in die besonderen Verhältnisse der früheren DDR zurückversetzen. Wenn ich gefragt werde, betone ich diesen Punkt. Wenn einer sich politisch betätigen wollte oder auch wissenschaftlich über den bloßen Assistenten hinauskommen wollte, dann musste er sich mit der SED arrangieren. Das ging nicht anders. Diese Säuberung wird doch falsch. Wir haben das 1945 erlebt. Man hat zum Teil die falschen Leute rausgeworfen. Oder man hat schon die richtigen Leute rausgeworfen und die falschen Leute drin gelassen. Nehmen Sie sich auch ein schlechtes Beispiel an Dingen, die es bei uns gibt, nicht nur ein gutes.

LINDNER: Für meine Generation war es teilweise schwer, wenn man an den DDR-Staat geglaubt hat, zu begreifen, dass man in einer Diktatur gelebt hat und ich selber lernte von den Leuten auf der Straße mit, dass es sinnvoll ist, diese Diktatur in frage zu stellen und auch zu zersprengen. Das war ein politischer Lernprozess. Doch es gab zwischen dieser Diktatur des Dritten Reiches und der kommunistisch-sozialistischen Diktatur auch Unterschiede. Es gab nicht nur in der Wirkungsweise Unterschiede, sondern zunächst in der Tatsache, dass die DDR immerhin 40 Jahre existierte und ganze Generationen in diesen Staat rein geboren wurden. Andererseits sehe ich einen ganz wichtigen Unterschied, über den man im Augenblick leider nicht redet, in Folgendem: Das Dritte Reich zerbrach unter den Bomben der Amerikaner und die DDR zerbrach als System durch den Druck der Bürgerproteste auf der Straße von innen her. Ich denke, das ist ein ganz wichtiger Unterschied. Das war bei uns zu Hause ein immanenter Erkenntnisprozess. Das war eine Leistung des Volkes selbst.

HUND: Das sollten Sie auch ausnutzen. Nehmen Sie auch ein schlechtes Beispiel an Dingen, die es bei uns gibt. Nicht nur ein gutes.

LINDNER: Ein schlechtes Beispiel? Also auch kritische Distanz fordern Sie ein.

HUND: Übernehmen Sie nicht alle Strukturen. Hier hatte man diese sogenannte Demokratisierung der Universität. Das war nicht viel wert. Es hat sich kaum etwas geändert. Nur der Einfluss des Staates ist sehr viel größer geworden. In diesen unruhigen Jahren 1968/70 hat weder die Universität noch die Studentenschaft gesiegt, sondern der Staat. Wir leben heute stärker unter der Fuchtel des Staates. Der redet viel mehr herein. Da müssen wir uns wehren. Will das Studium verkürzen, straffen und alle diese Dinge, ohne es zu verstehen.

LINDNER: Es geht also auch in den neuen Bundesländern darum, in der Wissenschaft und Wissenschaftspolitik das richtige Maß zu finden.

HUND: Da müssen Sie nicht alles gleich machen. Muss denn ein Physikdiplom von Leipzig völlig gleich sein wie eines in Göttingen oder in Frankfurt am Main oder in Aachen? Es wird doch dahinter geschrieben, wo es herstammt.

LINDNER: Die Studenten können und werden in der deutschen Universitätslandschaft wieder zwischen Ost und West wandern.

HUND: Wir leiden hier unter der zu großen Gleichförmigkeit der Universitäten. Niedersachsen muss nicht nur Göttingen fördern, sondern auch Braunschweig, Hannover, Osnabrück und Oldenburg fördern und tut das ein bisschen gleichartig. Das halte ich für falsch. Man kann nicht – nehmen wir Niedersachsen – sechs Universitäten erstklassig besetzen. So viele gute Leute gibt es nicht. Da muss man differenzieren.

LINDNER: Welche Stadt gefiel Ihnen unter den vielen Universitätsstädten, in denen Sie im Laufe Ihres akademischen Lebens als Professor wirkten, am meisten? Immerhin durchwanderten Sie Rostock, Leipzig, Jena, Frankfurt am Main und Göttingen.

HUND: Göttingen. Einmal ist es eine Stadt vernünftiger Größe, und dann war und ist Göttingen eben wissenschaftlich bedeutend.

LINDNER: Wir haben beginnend von Ihrer Schulzeit über Ihren Weg durch die Physik gesprochen. Wir suchten das persönliche Detail, das in dieser Weise in Aufsätzen nicht aufgeschrieben werden kann. Ich möchte mich bei Ihnen bedanken, dass Sie so ausführlich Ihren Weg durch bewegte Jahrzehnte des 20. Jahrhunderts schilderten. Sicher ist es eine Spezifik der deutschen Geschichte, dass innerhalb von zwei Generationen zum Beispiel im mitteldeutschen Raum Verhältnisse der Monarchie, der Weimarer Republik, des Dritten Reiches, dann des demokratischen Neuanfangs und sofort wieder der kommunistischen Diktatur durchschritten wurden. Wir Jüngeren befinden uns vor der Aufgabe, aus der heutigen Sicht eine neue empirische und theoretische Darstellung dieser deutschen Geistesgeschichte zu versuchen. In diesem Sinne möchte ich mich für das Gespräch mit einem interessanten Zeitzeugen bedanken. Für mich ist es das erste Mal, dass ich mit einem Mann sprach, der 95 Jahre alt ist und der einmal lebendig über seinen eigenen Lebensweg sprechen konnte, der aber auch ein wacher Zeuge der momentanen Situation ist.

# 7 Vom Akteur zum Historiker einer wissenschaftlichen Revolution

## Friedrich Hund über die Bohrfestspiele von 1922

*„Also diese ‚Bohrfestspiele' – ich glaube, der Ausdruck stammt von James Franck in Analogie zu den Händel-Festspielen –, das war für meinen wissenschaftlichen Werdegang ein sehr entscheidendes Ereignis."*

— Friedrich Hund


Friedrich Hunds langer Weg nach Göttingen

›<https://doi.org/10.47261/1577-7>

Von Konrad Lindner[1]

## Wunder des Erinnerns

Ein kleiner, schmächtiger Mann, doch in der Geschichte der Universität Leipzig war er durchaus ein geistiger Riese, zumal er gemeinsam mit dem Nobelpreisträger Werner Heisenberg viele tüchtige Physikerjahrgänge ausbildete. Die Rede ist von Friedrich Hund.[2] Er wirkte in der späten Weimarer Republik, während der NS-Diktatur und nach dem Krieg erst unter amerikanischer und dann unter russischer Besatzung in der Wissenschaftsstadt Leipzig. Der Naturforscher und Historiker der Physik ermutigte mich noch in seinem 100. Lebensjahr in Göttingen, einen seiner Leipziger Doktoranden zum Interview zu besuchen. Das war der Atomforscher Edward Teller an der Stanford-Universität in Kalifornien. Obwohl Teller im Kalten Krieg ein streitbarer Antikommunist war und ich ein gläubiger Sozialist, der sich nach der Friedlichen Revolution auf einen gescheiterten Marxisten reduziert hatte, lud mich der namhafte Schüler von Heisenberg und Hund ein, ihn bei sich zu Hause in Palo Alto zu besuchen.[3] Dadurch erhielt ich die Chance, Edward Teller noch vor dem Erscheinen seiner Autobiographie als jüdischen Absolventen der Leipziger Universität zu seinem Studium in der Linnéstraße zu befragen.[4] Ich wollte ihn gern, bezogen auf seinen akademischen Start in Karlsruhe, München und Leipzig porträtieren, den er während der Jahre der Weimarer Republik vollzog.[5] Wichtig für meine Motivation war, dass Friedrich Hund noch im Herbst 1995 im Seniorenstift zu Göttingen über seinen ungarischen Doktoranden einfach nur sagte: „Teller war ein fleißiger Mann."[6]

Ein derartiges Urteil war eine Aussage von Gewicht. Von 1929 bis zum Wechsel 1946 nach Jena hatte Hund in Leipzig als Professor für Theoretische Physik gewirkt und auch die Dissertation von Edward Teller zum Wasserstoffmolekül-Ion während der Abwesenheit von Heisenberg betreut. Gemeinsam mit Heisenberg bewertete Friedrich Hund die Arbeit Anfang Februar 1930. Beide Professoren vergaben die Note „Sehr gut".[7] Friedrich Hund hatte ich nach dem Fall der Mauer und nachdem ich den Physiker und Philosophen Carl Friedrich von Weizsäcker interviewt hatte, in

Göttingen besuchen dürfen. Bei Herrn von Weizsäcker in Starnberg war ich im Januar 1991, und dann ergab sich im Juni 1991 die aufregende Chance, den bereits 95-jährigen Gelehrten und eben Weizsäckers Lehrer im Seniorenstift zu Göttingen zu besuchen.[8] Als ich Friedrich Hund zu seiner schulischen, akademischen und geistig-politischen Biographie befragte, wanderten wir im Frage-Antwort-Rhythmus durch sein langes Leben. Ein wichtiger Höhepunkt nach der Schule in Naumburg, nach dem Studium in Marburg und Göttingen, nach dem Wetterdienst während des Ersten Weltkriegs und nach dem Erhalt einer Assistentenstelle bei Max Born in Göttingen war seine erste Begegnung mit dem dänischen Physiker Niels Bohr. Die Erinnerung an diese denkwürdige Begegnung bewahrte er sich über alle beruflichen Stationen hinweg – wie in Leipzig, Jena und Frankfurt am Main – bis in seinen Lebensabend in Göttingen hinein.

## Der philosophische Geist von Niels Bohr

Der Naturforscher aus Kopenhagen reiste 1922 nach Göttingen, um vom 12. bis 22. Juni sieben Vorlesungen über die Theorie der Atomstruktur zu halten.[9] Erst 36 Jahre alt, war Niels Bohr durch das Atommodell, das er kurz vor dem Ersten Weltkrieg im Jahr 1913 publiziert hatte, ein derartiger intellektueller Magnet, dass in seinen Vorlesungen nicht nur der Göttinger Kreis, sondern auch Physiker aus allen Teilen Europas saßen. Während Arnold Sommerfeld aus München kam und Alfred Landé aus Tübingen, hatte sich zum Beispiel Paul Ehrenfest von Leiden aus auf den Weg gemacht. Friedrich Hund gehörte mit seinen 26 Jahren im Kreis der versammelten Wissenschaftselite zu den jungen Leuten. Fast siebzig Jahre später erzählte er im Juni 1991 in Göttingen darüber, dass ihn das Auftreten des dänischen Naturforschers nicht nur beeindruckte, sondern auf seinem Weg zur Anwendung der Quantentheorie auf den Bau der Atome und Moleküle auch erheblich beeinflusste:

> „Wir merkten, dass Bohr seine Ansätze in einer allgemeineren Weise begründete. Wir spürten auch etwas von dem philosophischen Geist Bohrs. Das war eine völlig neue Welt. Das war wohl bei mir die endgültige Wendung zur theoretischen Physik."

Der Stuhl, auf dem Professor Hund im Seniorenstift zu Göttingen saß, knarrte an dieser Stelle heftig, weil er so lebhaft berichtete. Zum Zeitpunkt des Interviews war ich noch kein freiberuflicher Journalist, sondern am Institut für Philosophie der Universität Leipzig angestellt. Ich hatte einen Forschungsauftrag zu den vom jungen Friedrich Wilhelm Joseph Schelling in Leipzig verfassten Büchern zur Philosophie der Natur.[10] Es lag in Göttingen nahe, danach zu fragen, was Professor Hund mit der Rede vom „philosophischen Geist" bei Bohr eigentlich meinte. Immerhin hat diese Redewendung eine Menge mit der Frage der *Freiheit* zu tun, die eine Grundfrage des Deutschen Idealismus war. Das A und O dieser geistigen Bewegung brachte Georg Wilhelm Friedrich Hegel in seiner Philosophie der Kunst auf den Begriff, als er während der Jahre in Berlin mit Nachdruck formulierte: „Die Freiheit ist die höchste Bestimmung des Geistes."[11] Diese Startidee, die Hegel beharrlicher festhielt als sein Freund Schelling – was Letzterer leider nie begriff –, hatte ich im Kopf, als ich am 20. Juni 1991 auf die Antwort des Gelehrten neben mir lauschte. Der betagte Friedrich Hund holte aus und erklärte mit jugendlicher Frische sowie mit der ihm eigenen deutlichen Akzentuierung: „Das Wort ‚Philosophie' ist vieldeutig. Ich meine eben doch: Nicht aus der vorhandenen Fachwissenschaft heraus begründet. Sondern es war klar: Die sogenannte klassische Physik reicht nicht aus, das Atom zu verstehen. Die neue Physik haben wir noch nicht. Wir müssen also abschätzen, wie die neue Physik zu finden sei. Bohr scheute sich nicht, über Dinge zu sprechen, über die man eigentlich noch nicht hätte sprechen können. Das bekannte Wort von Ludwig Wittgenstein, das besagt, wovon man nicht reden kann, darüber soll man schweigen, war keine Richtschnur für Bohr. Er versuchte zu sprechen. Er versuchte, in Andeutungen zu sprechen. Da merkten wir etwa den Unterschied zu dem auch bedeutenden Sommerfeld, dessen Buch wir lasen. Also diese „Bohrfestspiele" – ich glaube, der Ausdruck stammt von James Franck in Analogie zu den Händel-Festspielen –, das war für meinen wissenschaftlichen Werdegang ein sehr entscheidendes Ereignis." Die Erläuterung von Friedrich Hund ist deshalb so interessant, weil sie das Verständnis für die Eigenart einer wissenschaftlichen Revolution weckt. Am Beispiel der Atomphysik von 1922 machte mein Gesprächspartner auf die Grenzen des damals erreichten Wissens in der Naturwissenschaft aufmerksam. Die Bahnbrecher der Quantentheorie befanden sich gerade in einer Wissenschaftskrise, das heißt, sie standen in der Phase eines Übergangs zu neuen Formen der Darstellung, um das Atom noch besser und über das Wasserstoffatom hinaus denkmöglich zu machen. Deshalb zog Friedrich Hund den *Tractatus logico-philosophicus* von Ludwig Wittgenstein heran, mit dem letzten Paragraphen unter Nummer 7: „Wovon man nicht sprechen kann, darüber muss man schweigen".[12]

## Bestseller über wissenschaftliche Revolutionen

Wer Grenzen in der Wissenschaft überwinden will, muss die verfügbaren sprachlichen Möglichkeiten überschreiten. Also: entweder kann man schweigen und darf sich dabei schlau fühlen, weil es noch keine Problemlösung gibt, oder aber man macht den Mund auf und versucht, in einer noch nicht gefundenen und nicht schon abgesicherten Sprache über das Neue zu stammeln. Niels Bohr entschied sich für die zweite Strategie. Friedrich Hund würdigte deshalb noch im Alter von 95 Jahren den philosophischen Geist des dänischen Physikers. Im Vergleich zu Arnold Sommerfeld erblickte er in dem Dänen einen besonderen Typus von Wissenschaftler. Dadurch fällt aber auch ein bisher weniger beachtetes Licht auf Professor Hund selbst. Der namhafte Akteur der Quantenrevolution und geachtete Historiker der Physik kultivierte nicht zuletzt in einem späten biographischen Interview am Beispiel der Bohrfestspiele von 1922 eine Auffassung von Wissen, die nicht die *Kontinuität* überbetont, sondern die *Diskontinuität* herausstellt. In der Tat: Die neue Perspektive der Quantentheorie, dass die Elektronen in der Atomhülle auf sprunghafte Weise die Bahn wechseln, war in der Geschichte der Naturwissenschaften selbst ein qualitativer Sprung. Ein Quantensprung der Wissenschaft. Wie die Perspektive der Quantentheorie seit Beginn des 20. Jahrhunderts in der Physik und Chemie an Boden gewann und sich dabei selber veränderte, erforschte Friedrich Hund während seiner Seniorenzeit in dem Buch *Geschichte der Quantentheorie* (1967).[13] Als ich im Juni 1991 von Leipzig nach Göttingen zum Interview fuhr, war mir bewusst, dass Professor Hund ein wichtiger Akteur der Quantenrevolution war. Seine

Spezialstrecke während der Weimarer Republik waren Molekülbau und chemische Bindung. Nach dem Wechsel in den Ruhestand schrieb Friedrich Hund sowohl über die Geschichte der Göttinger Physik als auch über die Frühzeit der Atomphysik. Was mir zum Zeitpunkt des denkwürdigen Interviews in Göttingen nun aber nicht bekannt und bewusst war, das war etwas anderes: Der amerikanische Wissenschaftsphilosoph Thomas S. Kuhn und der in Göttingen lebende Physiker arbeiteten 1962/63 bei der Durchführung von Zeitzeugeninterviews zur Geschichte der Quantentheorie gut zusammen. Am 17. Oktober 1962 waren beide nach Bad Pyrmont gefahren, um Max Born, den Lehrer von Friedrich Hund, zur Geschichte der Quantentheorie zu interviewen.[14] Das ist umso wichtiger, weil der amerikanische Philosoph jener große Denker ist, der die sogenannte *kumulative* Auffassung von Wissenschaft in die Rumpelkammer stieß. Der Physik-Absolvent von Harvard hatte nach seinem Wechsel in die Wissenschaftsgeschichte von sich reden gemacht, indem er erst eine Fallstudie über *Die kopernikanische Revolution* (1957) schrieb und dann aber noch 1961 einen Essay aus dem Boden stampfte, der zum Bestseller aufstieg und den Verfasser über die Zunft der Philosophen hinaus weltberühmt machte: *Die Struktur wissenschaftlicher Revolutionen*.[15] Der Grundgedanke von Kuhn ist, dass wir „in der komplexen Kooperationspraxis der Wissenschaften nicht immer einfach stetig fortschreiten“, wie Pirmin Stekeler im Band *Gegenwart* im Rahmen der *Geschichte der Philosophie in Text und Darstellung* formuliert.[16] Man kann auch sagen, dass es in den fundamentalen Dingen einer Wissenschaft keinen *Einheitsboden* unter den Füßen gibt – wie Werner Heisenberg am 27. Februar 1962 in München im Dialog mit Thomas S. Kuhn formulierte –, weil man leider nicht hoffen kann, dass „diese fundamentalen Dinge immer gleich bleiben“.[17] Wenn ich im Juni 1991 als halber Philosoph und halber Journalist die Reise in eine wissenschaftliche Revolution unternahm, dann trat ich, ohne es bereits zu wissen, in die Fußstapfen des amerikanischen Wissenschaftsphilosophen. Thomas S. Kuhn interviewte Friedrich Hund am 25. und 26. Juni 1963 in Göttingen.[18] Das Interview kann auf den Seiten des *Amerikanischen Instituts für Physik* von jedermann rund um den Globus ebenso nachgelesen werden wie die ausführlichen Interviews mit Niels Bohr und Werner Heisenberg. Ich war ein kleiner und bescheidener, aber zäher Nachahmer des meisterhaften Interviewers Thomas S. Kuhn, als ich Friedrich Hund im Frühjahr 1991 erst einen achtseitigen Brief mit Fragen zur Beziehung von Philosophie und Naturwissenschaft im Umfeld von Heisenbergs Leipziger Physikerschule schickte – und dann mit dem Zug von Leipzig nach Göttingen für zwei Tage zum Interview zu dem wohl letzten Gelehrten fuhr, der noch aus erster Hand und höchst lebendig von den Bohrfestspielen 1922 in Göttingen erzählen konnte.

## Marx trifft Kuhn

Im langen Gespräch mit Friedrich Hund redete ich im Juni 1991 nicht nur über Wissenschaft, sondern auch über die Situation der Wissenschaftler in der NS-Diktatur und unter amerikanischer sowie sowjetischer Besatzung nach dem Krieg. Am 17. Mai 1991 hatte mir Friedrich Hund auf meine Anfrage mit einem zweiseitigen Brief geantwortet: „Wenn Sie meinen, dass ein Gespräch die besondere Atmosphäre jener glücklichen, später bedrückenden Zeiten in Leipzig aufhellen könnte und auch die Konflikte und Möglichkeiten des Lebens unter einer Diktatur verständlich machen könnte, so bin ich dazu bereit."[19] Das war die Einladung, verbunden mit einem Konzept des Interviews: Reden wir über die glücklichen Zeiten der Wissenschaftsfreiheit in der Demokratie und über die bedrückenden Zeiten der NS-Diktatur, aber auch über die Gratwanderung tüchtiger Professoren durch die Diktaturen hindurch. Wir sprachen im Verlauf des Zeitzeugeninterviews zum Schluss folglich auch über meine eigene kommunistische und marxistische Vergangenheit im SED-Staat der DDR. Immerhin stand vor mir im Juni 1991 die bange Frage im Raum, wie mit der Erblast eines totalitären Staates im geistigen Gepäck in der neuen Welt und an der Universität zu überleben sei: durch Schweigen und Verdrängen oder durch Reden und wenigstens ein leises Stammeln über Irrtum und Schuld? Der betagte, aber jung gebliebene Gelehrte in Göttingen sagte mir für den Sender *Sachsen Radio* nach seiner Kritik der gescheiterten Ismen – wie Positivismus und Marxismus und Szientismus – dann etwas ins Mikrofon, das mich damals sehr überraschte:

> „Aber die marxistische Art zu denken ist auch hier im Westen weit verbreitet. Heute werden viel mehr – das geht mehr von Amerika aus – die soziologischen und gesellschaftlichen Hintergründe der Wissenschaftsentwicklung erforscht. Gewiss ist das eine Zeitfolge. Erst musste man zum Beispiel bei Newton den wissenschaftlichen Gehalt durch die in Büchern und Aufsätzen publizierten Arbeiten erforschen; jetzt kann man herausbekommen: Unter welchen Bedingungen hat denn Newton gelebt? Unter welchen Umständen hat dieser oder jener Wissenschaftler gelebt? Diese Art zu fragen ist sicher gefördert worden durch die russische und durch die in der DDR übliche marxistische Betrachtungsweise. Das müssen Sie sich bewahren. Es ist nicht nötig, dass alle Universitäten das gleiche lehren. Sie können eine andere Geschichte, Sie können eine andere Philosophie lehren. Das ist auch hier der Fall. In Bremen kriegen Sie auch eine andere Physik gelehrt als an anderen Universitäten. Diese Vielgestalt wollen wir doch haben. Das ist das Recht der Länder."[20]

Wie Niels Bohr beim Neubau der Theorie in der Physik auf einem „weisen Konservatismus" bestand, so auch Friedrich Hund beim kritischen Sichten der marxistischen Vergangenheit. Aus heutiger Sicht würde ich denken, dass Professor Hund bei der Rede über die soziologischen Hintergründe der Entwicklung von Wissenschaft vor allem an Thomas S. Kuhn und dessen mit den Ideen von Marx gut zu vereinbarendes Modell der *Wissenschaftlergemeinde* dachte. Der amerikanische Philosoph und Historiker der Wissenschaften war es, der auf überzeugende Weise herausstellte, dass nicht zuletzt in der Naturwissenschaft nie nur Wissen, sondern immer auch Glaube steckt. Selbst die messenden Wissenschaften sind kein vorurteilsfreies Land, sondern eine gemeinsame Praxis rivalisierender Gemeinden mit jeweils verschiedenen Vorurteilen.[21] Das zu bedenken ist nicht unwichtig, wenn man als Journalist auf dem Feld der Wissenschaft erst bei dieser und dann bei der konträren Gruppe als Fragender unterwegs ist.

## Hund über Heisenberg: „Er sah aus wie ein Schulbub!“

Mein Interview wurde am 30. Oktober 1991 ab 20:05 Uhr von Leipzig aus durch den Sender *Sachsen Radio* im Umfang von 110 Minuten unter dem Titel „Hund im Gespräch“ gesendet. Zur besten Sendezeit. Das empfand ich als einen Paukenschlag der Meinungsfreiheit und als einen guten Auftakt bei meinem Weg in eine freiheitlich-demokratische Ordnung. Nachts hatte ich im Funkhaus Springerstraße an der großen Bandmaschine gesessen und das lange Interview geschnitten. Redakteur und Mentor dieses Projekts, in dem Friedrich Hund in Göttingen über seine Leipziger Jahre erzählte, war Hansdieter Hoyer vom *Sachsen Radio*. Er wusste, dass es um das Bauen von Brücken zwischen Ost und West und um ein Beispiel wahrhaftigen wie präzisen Erinnerns ging. Auch wenn ich noch als Philosoph an der Universität tätig war, mit dieser Sendung im Herbst 1991 begann ich den Absprung in den Journalismus. Aber zuvor geschah etwas sehr Schönes: Während der Konferenz „Werner Heisenberg als Physiker und Philosoph in Leipzig“, die unter der Schirmherrschaft von Carl Friedrich von Weizsäcker stattfand, durfte ich am 12. Dezember 1991 aus dem Interview eine Passage vorstellen.[22] Das bewegende Stück Originalton, in dem Friedrich Hund über die Bohrfestspiele und über den erst 20-jährigen Heisenberg berichtete. Immerhin war Friedrich Hund selbst dabei, als Heisenberg in der Diskussion nach der dritten Vorlesung aufstand und dem großen Bohr eine kritische Frage stellte, die dieser nicht schlüssig beantworten konnte. Aus der eigenen Erinnerung und Anschauung heraus sagte Professor Hund, als würde er gerade sehen, wie Heisenberg zum Widerspruch aufsteht:

> „Sommerfeld brachte da einen Jungen mit, der aussah wie ein Schulbub: Heisenberg. Er war 21 Jahre alt. Der redete auf einmal in der Diskussion mit. Bohr merkte sofort, was dahintersteckte und machte mit ihm einen großen Spaziergang. Das steht alles bei Heisenberg in seinen Lebenserinnerungen geschrieben. Auch Born sagte mir hinterher: ‚Diesen Heisenberg müssen wir nach Göttingen kriegen!‘“[23]

**Abb. 7.1.** „Sommerfeld brachte da einen Jungen mit, der aussah wie ein Schulbub: Heisenberg." Friedrich Hund, Göttingen in den 1920er Jahren.

Sie entsteht im Streit, die Wissenschaft. Ein Spaziergang beider Streithähne der „Bohrfestspiele" zum Hainberg wurde notwendig. Bei dieser privaten Diskussion in Göttingen wurde im Juni 1922 eine geistige Freundschaft zwischen Bohr und Heisenberg begründet. Im Gefolge der schweren Prüfungen durch die spätere NS-Diktatur und vor allem durch die Bombenforschung im Zweiten Weltkrieg – hier in Amerika und dort in Deutschland – wurde diese Freundschaft auf harte Bewährungsproben gestellt. Aber aufgrund des intensiven Miteinanders beim Vollzug einer wissenschaftlichen Revolution während der Suche nach der gültigen Gestalt der Quantenmechanik zerbrach diese Partnerschaft nie wirklich, obwohl viele Leute das im Nachhinein behaupten, weil im Krieg prekäre Missverständnisse entstanden sind. Gemäß dem Rat von Friedrich Hund interviewte ich Anfang 1992 noch Hans-Georg Gadamer in Heidelberg zu seiner Freundschaft mit Heisenberg und zu seiner Deutung des antiken Atomismus. Dann kam bei mir der Zeitpunkt des Abschieds von der geliebten Universität. Beim Wechsel von der Alma mater in den Beruf des freien Journalisten hatte ich nun aber etwas Großartiges im Gepäck: einen Begriff der *wissenschaftlichen Revolution*, der sowohl auf Thomas S. Kuhn als auch auf Friedrich Hund zurückgeht. Eine wichtige geistige Hilfe, um in der aufstrebenden mitteldeutschen Wissenschaftslandschaft – in Leipzig wie in Dresden, aber auch in Jena – fortan nach spannenden Geschichten mit überregionaler Geltung zu suchen. Die Geschichte, wie Heisenberg im Juni 1922 in Göttingen auf einmal in der Diskussion mitredete und Bohr widersprach, hat viel mit Wissenschaftsfreiheit zu tun und damit, dass „Wissenschaft im Gespräch entsteht".[24] Die erzählte Episode enthält in meinen Ohren aber durch das Vorbild und die Stimme von Friedrich Hund auch die beschwingende Erfahrung, dass die Erinnerung an die gelebte und lebendige Wissenschaft unter uns Menschen bis ins hohe Alter ein wichtiger und berührender geistiger Schatz sein kann.

## Anmerkungen

1 Dieser Text liegt seit dem 27. Oktober 2016 vor. Zuerst wurde er in dem Kultur-Blog Leipzig-Lese vom Bertuch Verlag in Weimar veröffentlicht <https://www.leipzig-lese.de/persoenlichkeiten/h/hund-friedrich/friedrich-hund-ueber-die-bohrfestspiele-von-1922/>. – Die Wiederveröffentlichung des Artikels erfolgt mit freundlicher Genehmigung des Bertuch Verlages. Im Text sind einige geringfügige Veränderungen vorgenommen worden, um die Verständlichkeit zu verbessern. Neu hinzugefügt sind vor allem die Fussnoten mit Ergänzungen und mit Literaturhinweisen.

2 Vgl. das Porträt „Friedrich Hund (1896 - 1997)“ von Helmut Rechenberg und Gerald Wiemers in: *Sächsische Lebensbilder. Band* 5. Hrsg. von Gerald Wiemers. Leipzig, **2003**, 271 - 288. Gemeinsam mit Heisenberg verfasste Friedrich Hund während der Jahre als Hochschullehrer in Leipzig fast 30 Gutachten für Dissertationen und Habilitationsschriften.

3 Hier einige Anmerkungen zu meiner Person: An der Universität Leipzig war ich 1986 zum Dozenten für dialektischen und historischen Materialismus berufen worden, was nur einem „gläubigen Sozialisten“ möglich war. Obwohl im Jahr 1990 die Abberufung erfolgte, war ich durch die Promotion (1979) und die Habilitation (1984) in der Wissenschaftsgeschichte nicht schlecht ausgebildet. Die Habilitationsschrift behandelte „Die philosophische Diskussion zur Physik in der deutschen Sozialdemokratie (1875 - 1925)“, in deren Presse die Ideen von Heinrich Hertz, Max Planck, Albert Einstein und Niels Bohr aufgegriffen und kenntnisreich erläutert wurden. Nach der Auflösung des Franz-Mehring-Instituts der Universität Leipzig, an dem ich seit 1981 tätig war, erhielt ich wegen meiner Forschungen zur Naturphilosophie des jungen Friedrich Wilhelm Joseph Schelling einen Zweijahresvertrag am Philosophischen Institut der Universität Leipzig. Aus dieser beruflichen Stellung heraus konnte ich 1991 / 92 dann aber auch namhafte Zeitzeugen zu Interviews besuchen,

die alle dem 90. Geburtstag von Werner Heisenberg gewidmet waren. Nach dem Wechsel in den Beruf des Wissenschaftsjournalisten interviewte ich 1995 / 96 Edward Teller und setzte die Aufnahmen mit Herrn von Weizsäcker fort. So entstand 1998 eine Broschüre über Edward Teller und es konnte im Jahr 2002 im mentis Verlag in Paderborn mein Interviewbuch erscheinen. Konrad Lindner und Carl Friedrich von Weizsäcker: *Carl Friedrich von Weizsäckers Wanderung ins Atomzeitalter. Ein dialogisches Selbstporträt*. Mentis, Paderborn, **2002**.

4 Edward Teller with Judith L. Shoolery: *Memoirs. A Twentieth-Century Journey in Science and Politics.* Cambridge, Massachusetts, **2001**.

5 Interview von Konrad Lindner. *Ein Atomphysiker erzählt. Edward Teller zwischen Leipzig und Livermore.* Universität Leipzig, **1998**.

6 Interview mit Friedrich Hund vom 28. September 1995 in Göttingen. Vgl. Konrad Lindner: Apostel der Quantenrevolution – Edward Teller über sein Studium in Leipzig. In: *Jüdische Mathematiker und Physiker an der Universität Leipzig in der ersten Hälfte des 20. Jahrhunderts.* Arnold-Sommerfeld-Gesellschaft e. V., Leipzig, **2015**, 46.

7 Werner Heisenberg: *Gutachten- und Prüfungsprotokolle für Promotionen und Habilitationen (1929 – 1942)* (Hrsg.: Helmut Rechenberg und Gerald Wiemers). Berlin, **2002**, 43 – 44.

8 Den Termin des Interviews in Göttingen kann ich nicht genau angeben. Ich weiß noch gut, dass ich mit Herrn Hund an zwei sonnigen Tagen im Juni 1991 im Seniorenstift zwei Sitzungen absolvierte. Aber ob ich nun am 12. / 13. Juni 1991 oder am 20. / 21. Juni 1991 zum Interview in Göttingen war, kann ich nicht mehr sicher sagen.

9 Vgl. Ulrich Röseberg: *Niels Bohr. Leben und Werk eines Atomphysikers 1885 – 1962*. Spektrum, Akademie Verlag, Berlin et al., **1987**, 137 – 139. – Helmut Rechenberg: *Werner Heisenberg – Die Sprache der Atome. Leben und Wirken. Eine wissenschaftliche Biographie. Die „Fröhliche Wissenschaft“ (Jugend bis Nobelpreis)*. Band 1. Springer, Berlin, Heidelberg, **2009**, 229.

10 Vgl. Konrad Lindner: Die Linnéische Sozietät zu Leipzig – über einige Wirkungen der mitteldeutschen Gelehrtengesellschaft um 1800. In: *Gelehrte Gesellschaften im mitteldeutschen Raum (1650 – 1820), Teil I* (Hrsg.: Detlef Döring und Kurt Nowak). Abhandlungen der Sächsischen Akademie der Wissenschaften zu Leipzig, Philologisch-Historische Klasse, Band 76, H. 2. Leipzig, **2000**. 211 – 229. – Konrad Lindner: *Einmal freiere Lüfte atmen: Schellings Idee der Freiheit. Zum Geist der Bürgerstadt Leipzig (1796 – 1822).* Angelika Lenz, Neu-Isenburg, **2024**.

11 Georg Wilhelm Friedrich Hegel: *Ästhetik, Band 1* (Hrsg.: Friedrich Bassenge). Berlin, Weimar, **1984**, 104.

12 Ludwig Wittgenstein: *Tractatus logico-philosophicus. Philosophische Untersuchungen.* Reclams Universal-Bibliothek, Bd. 1381. Reclam, Leipzig, **1990**, 89.

13 Friedrich Hund: *Geschichte der Quantentheorie.* Erste Auflage: Bibliographisches Institut, Mannheim, **1967**. Zweite Auflage: Bibliographisches Institut, Mannheim, Wien, Zürich, **1975**.

14 Amerikanisches Institut für Physik (AIP). *Interview of Max Born by Thomas S. Kuhn and Friedrich Hund* on October 17, **1962**. Niels Bohr Library & Archives, American Institute of Physics, College Park, MD, USA. <https://web.archive.org/web/20250107104624/https://www.aip.org/history-programs/niels-bohr-library/oral-histories/4522-3>.

15 Thomas S. Kuhn: *Die kopernikanische Revolution.* Vieweg, Braunschweig, Wiesbaden, **1980**. Thomas S. Kuhn: *Die Struktur wissenschaftlicher Revolutionen.* Suhrkamp, Frankfurt am Main, **1967**.

16 *Geschichte der Philosophie in Text und Darstellung, Bd. 9: Gegenwart* (Hrsg.: Pirmin Stekeler-Weithofer). Reclam, Stuttgart, **2004,** 443.

17 Amerikanisches Institut für Physik (AIP). *Interview of Werner Heisenberg by Thomas S. Kuhn* on February 27, **1963**. Niels Bohr Library & Archives, American Institute of Physics, College Park, MD, USA. <https://web.archive.org/web/20250228141725/http://www.aip.org/history-programs/niels-bohr-library/oral-histories/4661-1>.

18 Amerikanisches Institut für Physik (AIP). *Interview of Friedrich Hund by Thomas S. Kuhn* on June 25 and 26, **1963**. Niels Bohr Library & Archives, American Institute of Physics, College Park, MD, USA.

19 Brief von Friedrich Hund an Konrad Lindner vom 17. Mai 1991 in Göttingen.

20 Siehe S. 184.

21 Die Ideen von Thomas S. Kuhn wurden auch in der DDR sowohl in dem Lehrbuch der Erkenntnistheorie von Dieter Wittich in Leipzig als auch in den Essays über Wissenschaft von Reinhard Mocek in Halle an der Saale referiert und gewürdigt. Im Kreis der mit Naturphilosophie befassten Kollegen, so möchte ich behaupten, war der amerikanische Wissenschaftsphilosoph mit seinem Konzept von Krisen in der Wissenschaft, die in ihrem Verlauf zum Wechsel der Paradigmen führen können, nicht weniger als ein Modephilosoph. Vgl. Reinhard Mocek: *Neugier und Nutzen. Blicke in die Wissenschaftsgeschichte*. Dietz, Berlin, **1988**, 127.

22 Zu dieser Konferenz erschien der Band: *Werner Heisenberg. Physiker und Philosoph* (Hrsg.: Bodo Geyer, Helge Herwig und Helmut Rechenberg). Spektrum, Akademischer Verlag, Heidelberg, Berlin, Oxford, **1993**. Der Protokollband wird mit dem spannenden Festvortrag von Carl Friedrich von Weizsäcker zum Thema „Werner Heisenberg als Physiker und Philosoph" eröffnet.

23 Siehe S. 142.

24 Werner Heidenberg: *Der Teil und das Ganze. Gespräche im Umkreis der Atomphysik*. 12. Aufl. Deutscher Taschenbuchverlag, München, **1991**, 7.

# 8 Der Friedrich-Hund-Dissertationspreis der Physikalisch-Astronomischen Fakultät

*„Der Name ‚Friedrich-Hund-Dissertationspreis' ist auch deshalb gut gewählt, weil Friedrich Hund sein fünfbändiges Werk ‚Einführung in die Theoretische Physik', das die gesamte Breite der damals bekannten Physik behandelt, größtenteils während seiner Tätigkeit in Jena verfasste."*

— Andreas Wipf

Friedrich Hunds langer Weg nach Göttingen


›<https://doi.org/10.47261/1577-8>

Von Andreas Wipf

Bei der Konferenz der Fachbereiche Physik im Frühjahr 2018 wurde von der Wilhelm und Else Heraeus-Stiftung vorgeschlagen, bis zu 20 Dissertationspreise Physik zu finanzieren. Neben den Preisgeldern sollten die Unkosten für die feierliche Übergabe der Preise erstattet werden. Die Preissatzung und die Auswahlkriterien sollten vollständig den erfolgreichen Fachbereichen überlassen werden. Der amtierende Dekan der Physikalisch-Astronomischen Fakultät, Andreas Wipf, regte an, sich um einen Dissertationspreis der Stiftung zu bemühen und diesen nach dem eminenten theoretischen Physiker Friedrich Hermann Hund zu benennen.

Friedrich Hund, der beachtete und bleibende Beiträge zur Atomphysik, Molekülphysik, Kristallographie, physikalischen Chemie, Kernphysik, Quantenmechanik und Geschichte der Physik leistete, war von 1946 bis 1951 Professor für Theoretische Physik in Jena, 1948 kurzzeitig Rektor der Friedrich-Schiller-Universität Jena und ab 1996 Ehrenbürger der Stadt Jena. Als herausragender ehemaliger Forscher und Lehrer an der Fakultät bot er sich ideal als Namensgeber für die zu beantragenden Dissertationspreise an.

Die Fakultät folgte dem Vorschlag des Dekans und man einigte sich schnell darauf, dass die Dissertationspreise breit ausgeschrieben und vergeben werden sollten. Der Name „Friedrich-Hund-Dissertationspreis" ist auch deshalb gut gewählt, weil Friedrich Hund sein fünfbändiges Werk *Einführung in die Theoretische Physik*, das die gesamte Breite der damals bekannten Physik behandelt, größtenteils während seiner Tätigkeit in Jena verfasste.

Mit seinen fundamentalen Arbeiten zur Quantenmechanik und zum Aufbau der Materie hat er essenzielle Beiträge zur modernen Physik geleistet. Damit hat er nicht nur unser Verständnis der Natur erweitert, sondern auch die Grundlagen für viele Anwendungen geschaffen. Entsprechend sollte der Preis in der Regel zweigeteilt verliehen werden: einerseits für Grundlagenforschung, andererseits für angewandte Forschung, die beide in Jena stark vertreten sind. Im Ausnahmefall einer besonders herausragenden Arbeit kann der Preis auch als Einzelauszeichnung vergeben werden.

Der vom damaligen Prodekan Stefan Nolte verfasste Antrag an die Wilhelm und Else Heraeus-Stiftung wurde von dieser sehr positiv aufgenommen. Nach der erfolgreichen Bewerbung wählt nun jedes Jahr eine unabhängige Kommission der Fakultät aus Vorschlägen bzw. Bewerbungen zwei herausragende Arbeiten aus, die dann von der Fakultät mit dem Friedrich-Hund-Dissertationspreis ausgezeichnet werden.

Die beiden Dissertationspreise werden jeweils am Ende des Jahres in einer feierlichen Veranstaltung im großen und historischen Hörsaal am Max-Wien-Platz 1 an die Preisträger übergeben. Ausgezeichnet werden Abschlussarbeiten, die sich durch einen herausragenden wissenschaftlichen Gehalt, besondere Originalität der Lösungen sowie exzellente Darstellung hervorheben. In der Veranstaltung stellen die Preisträger dann die wichtigsten Ergebnisse ihrer Dissertation der breiten Öffentlichkeit vor. Die bisherigen Preisträgerinnen und Preisträger sind im Folgenden aufgelistet.[1]

**2019**

**Grundlagenforschung**
**Stefanie Eckner**, Institut für Festkörperphysik (**Abb. 8.1.**): *Vibrational dynamics in semiconductor compounds and alloys.*

**Angewandte Forschung**
**Mario Chemnitz**, Leibniz Institut für Photonische Technologien (**Abb. 8.2.**): *Soliton Dynamics in Liquid-core Optical Fibers.*

**Abb. 8.1.** Stefanie Eckner (2019).

**Abb. 8.2.** Mario Chemnitz (2019).

**Abb. 8.3.** Johannes Stock (2020).

**Abb. 8.4.** Issa Tamer, Issa (2020).

**Abb. 8.5.** Andre Luiz Marques Muniz (2021).

**Abb. 8.6.** Daniel Werdehausen (2021).

**Abb. 8.7.** Kim Alina Lammers (2022).

**Abb. 8.8.** Martin Gebhardt (2022).

**2020**

**Grundlagenforschung**
**Johannes Stock**, Institut für Angewandte Physik (**Abb. 8.3.**): *Holistic simulation of optical systems.*

**Angewandte Forschung**
**Issa Tamer**, Issa, Institut für Optik und Quantenelektronik (**Abb. 8.4.**): *Petawatt-Class Laser Optimization and Ultrashort Probe Pulse Generation for Relativistic Laser-Plasma Interactions.*

**2021**

**Grundlagenforschung**
**Andre Luiz Marques Muniz**, Institut für Festkörpertheorie und -optik (**Abb. 8.5.**): *Experiments on Synthetic Dimensions in Photonics.*

**Angewandte Forschung**
**Daniel Werdehausen**, Institut für Angewandte Physik (**Abb. 8.6.**): *Nanocomposites as Next-generation Optical Materials: Fundamental Properties and Potential.*

**2022**

**Grundlagenforschung**
**Kim Alina Lammers**, Institut für Angewandte Physik (**Abb. 8.7.**): *Polarization manipulation in femtosecond laser direct written waveguides in fused silica.*

**Angewandte Forschung**
**Martin Gebhardt**, Institut für Angewandte Physik (**Abb. 8.8.**): *Power scaling of few-cycle short-wavelength infrared laser sources for nonlinear frequency conversion.*

**Abb. 8.9.** Michel Pannier (2023).

**Abb. 8.10.** Ziyao Tang (2023)

**Abb. 8.11.** José Diogo de Figueiredo e Simão (2024).

**Abb. 8.12.** Jonathan Apell (2024).

| | | |
|---|---|---|
| **2023** | **Grundlagenforschung**<br>**Michel Pannier**, Theoretisch-Physikalisches Institut (**Abb. 8.9.**):<br>*Aspects of Holography and Higher Spins in Three-Dimensional Asymptotically Flat Spacetimes.* | **Angewandte Forschung**<br>**Ziyao Tang**, Institut für Angewandte Physik (**Abb. 8.10.**):<br>*Improved correction methods for symmetry-free systems.* |
| **2024** | **Grundlagenforschung**<br>**José Diogo de Figueiredo e Simão**, Theoretisch-Physikalisches Institut (**Abb. 8.11.**):<br>*Investigations on Lorentzian Spin-Foams and Semi-classical Space-times.* | **Angewandte Forschung**<br>**Jonathan Apell**, Otto-Schott-Institut für Materialforschung (**Abb. 8.12.**):<br>*Zur Oxidphasenbildung in den frühen Oxidationsstadien von Komplexen Co-Cr-Fe-Mn-Ni-(Cu,Si)-Legierungen.* |

## Anmerkung

1 Siehe Friedrich-Hund-Dissertationspreise: Bisherige Preisträger 2019 – 2024 <https://www.physik.uni-jena.de/6025/friedrich-hund-dissertationspreise>.

# Personen-
# register

*„Montag und Donnerstag bin ich Experimentalphysiker, Dienstag und Freitag bin ich theoretischer Physiker, und Mittwoch und Samstag bin ich Prorektor der Universität. So war das Dasein ungefähr.“*

— Friedrich Hund

Friedrich Hunds langer Weg nach Göttingen

›<https://doi.org/10.47261/1577-A>

## F



## G



## H

## I



## J



## K

## L



## M



## N



## O

## P



## R



## S

## T



## W



## Z

LIVES IN CHEMISTRY · LEBENSWERKE IN DER CHEMIE

AUTOBIOGRAPHIEN
· HOMMAGE AN AUSGEZEICHNETE FORSCHUNG
· ERZÄHLEN WIE ES GELANG
· INSPIRIEREN FÜR DIE ZUKUNFT

**Reaktionen unserer Leserinnen und Leser**

Bestechend! ... Lesebücher, die sicher nicht nur das Fachpublikum ansprechen.
**Silvia Werfel,** Leipzig, in *bindereport*

Das Buch von Maier ... liegt gut in der Hand und lässt sich leicht aufschlagen. Die Typographie, Farbe und der Raum sind wunderschön gestaltet, und die Anordnung der Elemente ist an jedem Punkt sichtbar. ... Herzlichen Glückwunsch an Andreas Toepfer für eine schöne Gestaltungsarbeit.
**Roald Hoffmann,** Ithaca, USA

Günther Maiers Buch liest sich wie ein Krimi aus dem Labor, besonders spannend ist die aus persönlicher Sicht geschriebene erste Synthese des Tetra-*tert*-butyl-tetrahedrans. Viele andere persönliche Darstellungen, darunter auch die Beschreibung der Unabhängigkeit der Forschung, die ein traditioneller Lehrstuhl möglich machte, sind lehrreiche Erinnerungen. Ich kann das Buch mit größtem Nachdruck als anregende Lektüre empfehlen.
**Bernhard Breit,** Freiburg, in *Chemie in Unserer Zeit*

Dieses Buch ist ein *pageturner*. ... Ist daher aus meiner Sicht eine exzellente, kurzweilige Lektüre nicht nur für all diejenigen, die sich für Wissenschaftsgeschichte im Allgemeinen und Gerhard Ertl im Besonderen interessieren.
**Melanie Schnell,** Hamburg, in *Angewandte Chemie*

Die Reihe „Lebenswerke in der Chemie" überzeugt durch klare Strukturierung, attraktives Design und durch Leserfreundlichkeit. ... Praxisrelevanz zieht sich wie ein roter Faden durch die Forschung von Franz Effenberger, aber auch durch seine Aktivitäten außerhalb des Labors.
**Dieter Jahn,** Hamburg, in *Nachr. Chem.*

Larry Overmans Autobiographie ist eine Pflichtlektüre, da sie zeitlose Einblicke in den Aufbau und die Leitung einer Forschungsgruppe vermittelt. Dieses Buch ist sowohl inspirierend als auch höchst relevant für heutige Fachleute.
**Vera Koester** in *ChemistryViews*

Das Buch von Katharina Kohse-Höinghaus ist eine großartige Biographie, die man mit großer Freude liest und allen angehenden Wissenschaftlerinnen – aber keineswegs nur ihnen – sehr zu empfehlen ist.
**Stefanie Dehnen,** Karlsruhe, in ihrer First-Reader-Reaktion

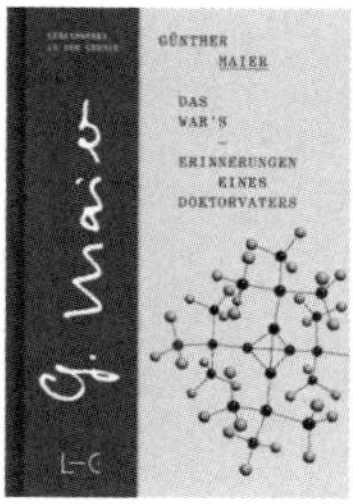


312 S.
170 ABB.
39,80 €
L-I-C.ORG/1125

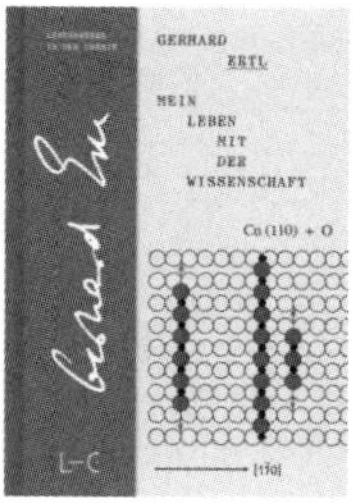


172 S.
85 ABB.
34,80 €
L-I-C.ORG/1126

196 S.
98 FIGS.
39,80 €
L-I-C.ORG/1131

296 S.
261 ABB.
39,80 €
L-I-C.ORG/1127

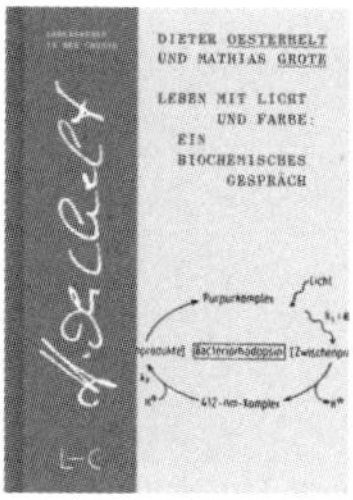


288 S.
82 ABB.
39,80 €
L-I-C.ORG/1128

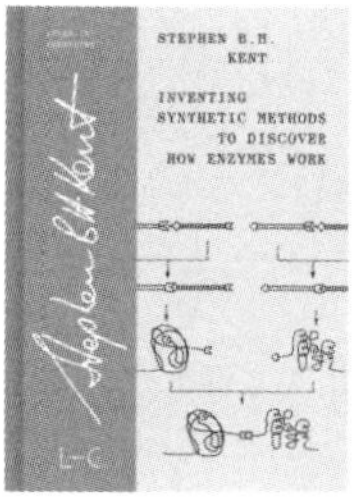


336 S.
267 ABB.
39,80 €
L-I-C.ORG/1129

268 S.
231 ABB.
39,80 €
L-I-C.ORG/1130

300 S.
239 ABB.
39,80 €
L-I-C.ORG/1132

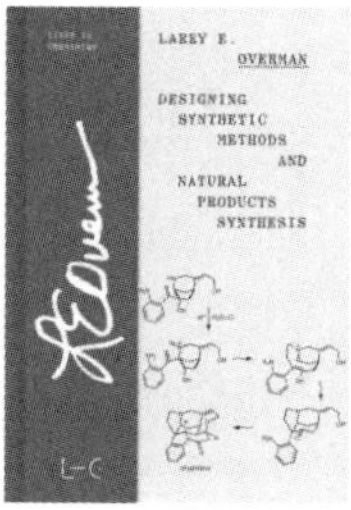


247 S.
225 ABB.
39,80 €
L-I-C.ORG/1133

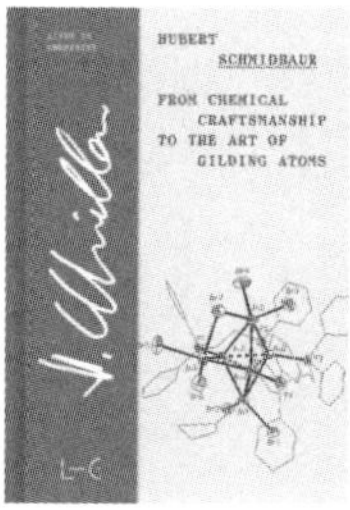


282 S.
266 ABB.
39,80 €
L-I-C.ORG/1134

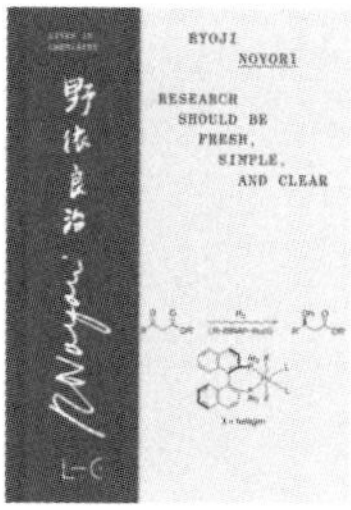


346 S.,
316 ABB.
39,80 €
L-I-C.ORG/1135

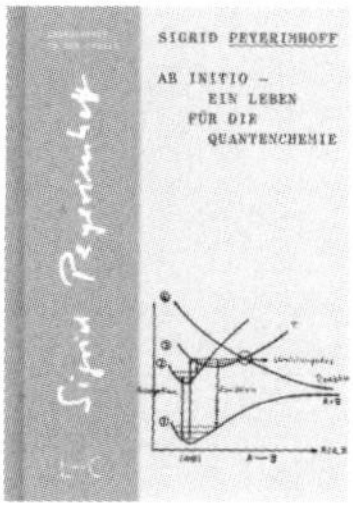


202 S.
80 ABB.
39,80 €
L-I-C.ORG/1138

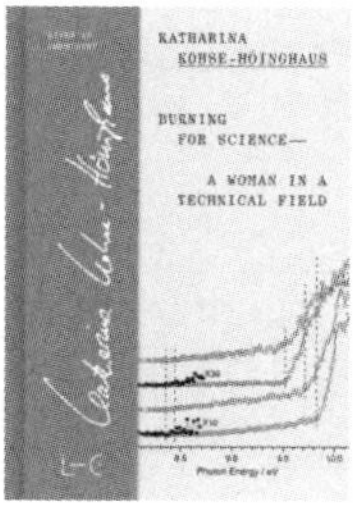


314 S.
227 ABB.
39,80 €
L-I-C.ORG/1137

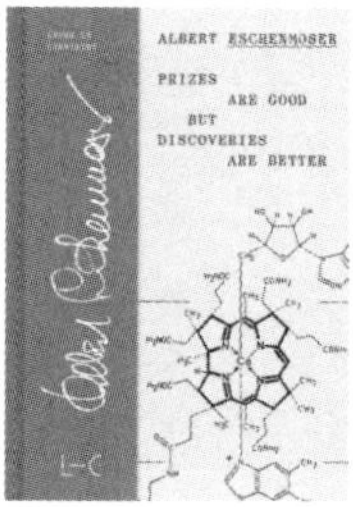


348 S.
339 ABB.
39,80 €
L-I-C.ORG/1136

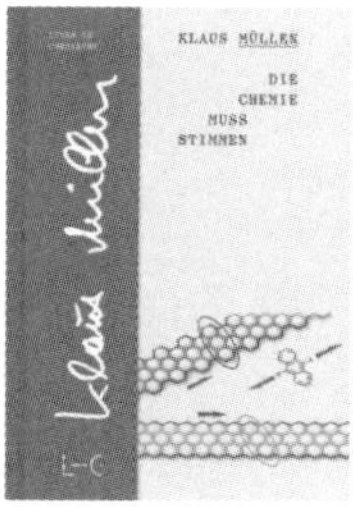


314 S.
230 ABB.
39,80 €
L-I-C.ORG/1139

ausgezeichnet von der stiftung buchkunst · eines der schönsten deutschen bücher